AF563922

MINISTÈRE DE L'AGRICULTURE

ÉTUDES
SUR LES SOURCES

HYDRAULIQUE
DES NAPPES AQUIFÈRES ET DES SOURCES
ET APPLICATIONS PRATIQUES

PAR

M. LÉON POCHET

INSPECTEUR GÉNÉRAL DES PONTS ET CHAUSSÉES
INSPECTEUR GÉNÉRAL DE L'HYDRAULIQUE AGRICOLE

PLANCHES

PARIS
IMPRIMERIE NATIONALE

MDCCCCV

ÉTUDES SUR LES SOURCES

Fig. 1 . — Laon

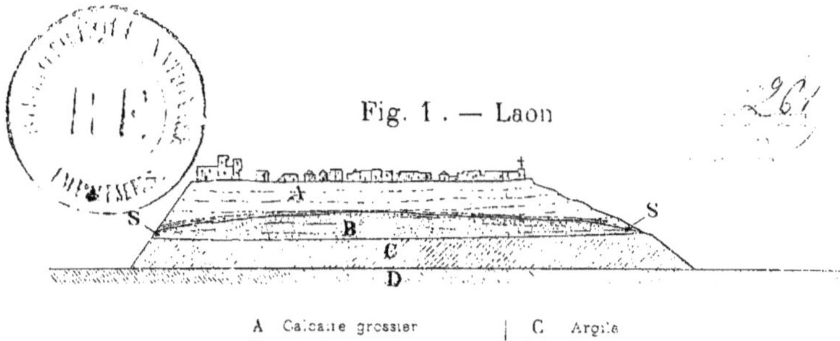

A Calcaire grossier
B Calcaire grossier sableux
C Argile
S,S Sources

Fig. 2 . — Oxford

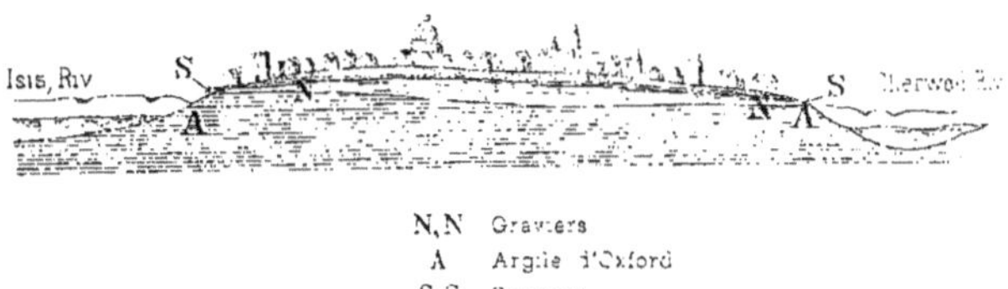

N,N Graviers
A Argile d'Oxford
S,S Sources

Fig. 3 . — Dunes de Gascogne

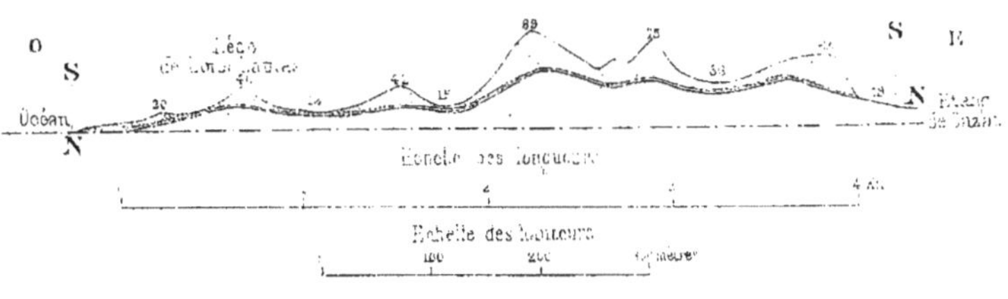

Fig. 4
Coupe sur une nappe artésienne

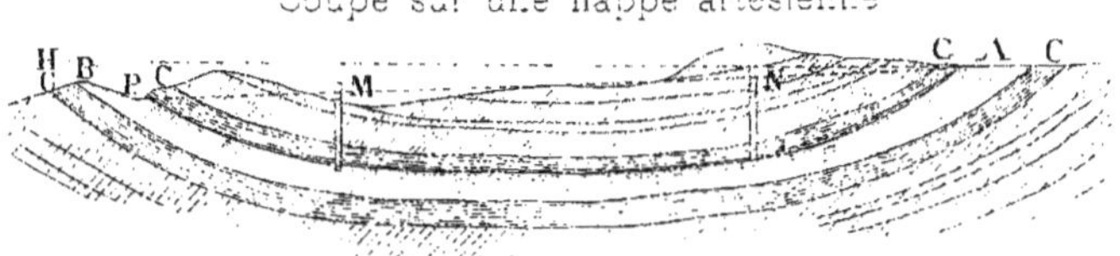

A B Couche perméable
C C Couches imperméables
N M Niveaux piézométriques

L. Courtier

ÉTUDES SUR LES SOURCES

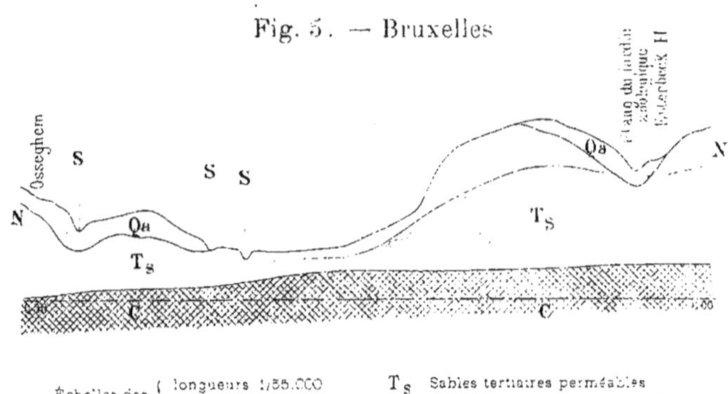

Fig. 5. — Bruxelles

Échelles des { longueurs 1/55.000 ; hauteurs 1/2750

T_s Sables tertiaires perméables
C Couches argileuses imperméables

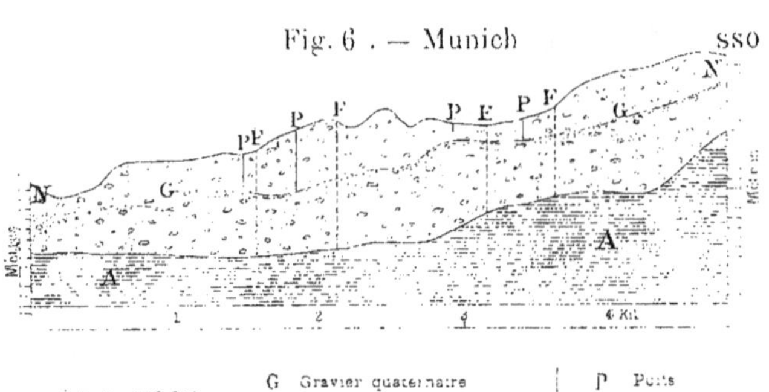

Fig. 6. — Munich

Échelle 1/48 000

G Gravier quaternaire
A Argile tertiaire imperméable

P Puits
F Forages

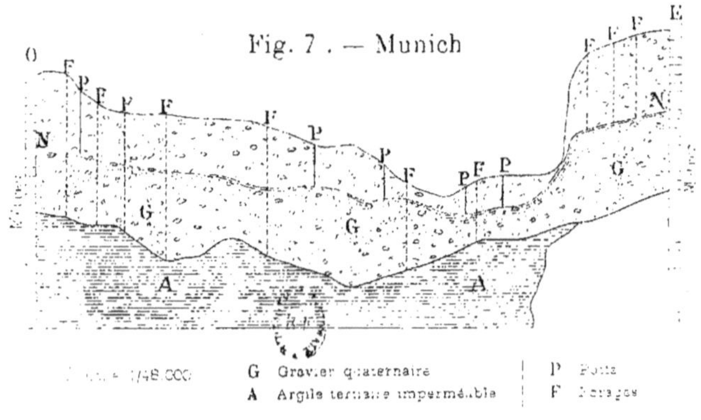

Fig. 7. — Munich

Échelle 1/48 000

G Gravier quaternaire
A Argile tertiaire imperméable

P Puits
F Forages

ÉTUDES SUR LES SOURCES

Pl. III

Fig. 8.

Coupe E,O du plateau de Malzéville et de la Vallée de la Meurthe

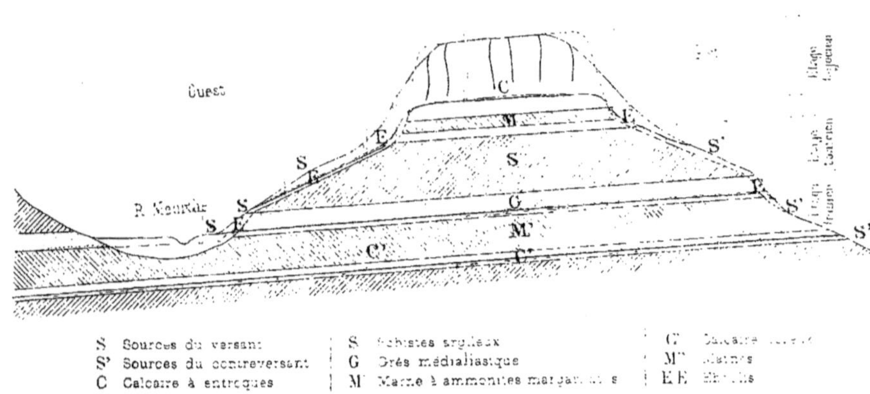

S Sources du versant
S' Sources du contreversant
C Calcaire à entroques
M Marne micacée
S Schistes argileux
G Grès médialiasique
M' Marne à ammonites margaritatus
C' Calcaire
M'' Marnes
E E Eboulis

Fig. 9.

Sources à l'affleurement de l'argile plastique dans la Vallée de l'Oise

Échelle de 1/120 000

L'affleurement de l'argile plastique est figuré par des hachures

Source •

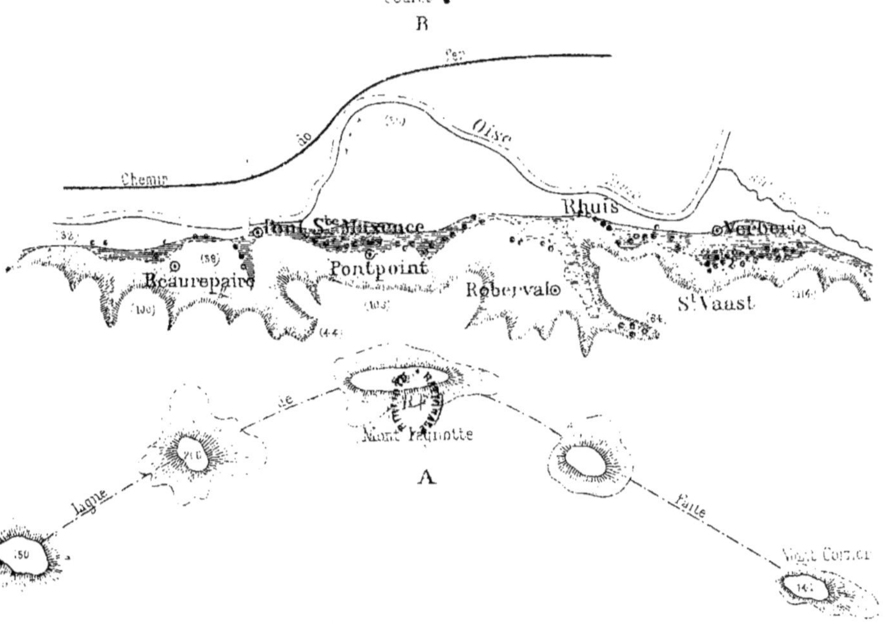

L. Courtier, *litho.*

PL. IV

ÉTUDES SUR LES SOURCES

Fig. 10

Sources de l'Avre et de la Vigne

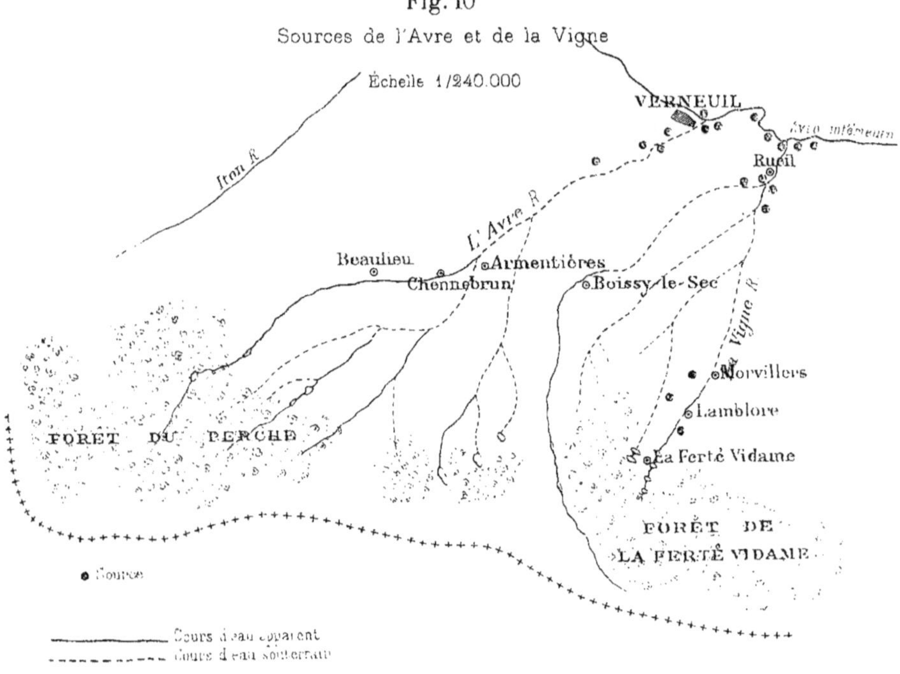

Fig. 11

Profils d'une nappe aquifère à débit constant coulant sur un plan incliné

OB = H

OC = [illegible] H

OD = [illegible] × H

OA = [illegible] $\frac{H}{i}$

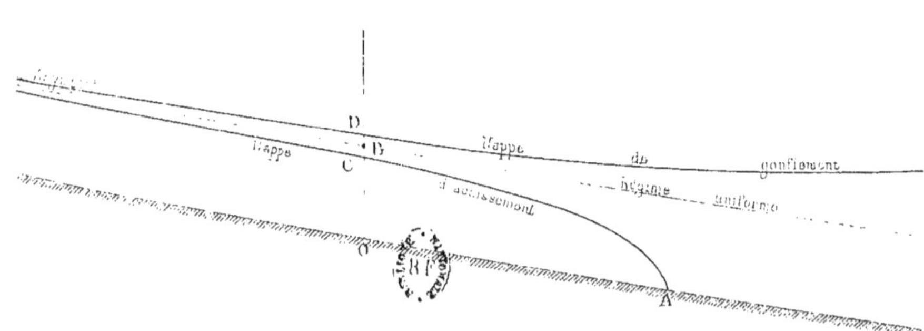

L. Courtier

ÉTUDES SUR LES SOURCES

PL. IV

Fig. 10

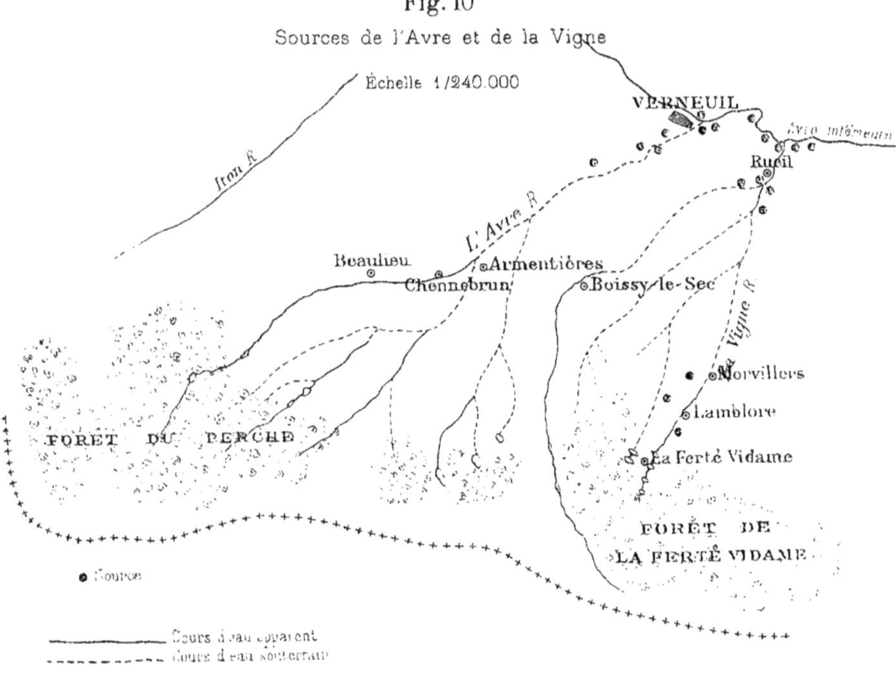

Sources de l'Avre et de la Vigne

Fig. 11

Profils d'une nappe aquifère à débit constant coulant sur un plan incliné

$$OB = H$$

$$OC = [illegible]\ H$$

$$OD = [illegible] \times H$$

$$OA = [illegible]\ \frac{H}{i}$$

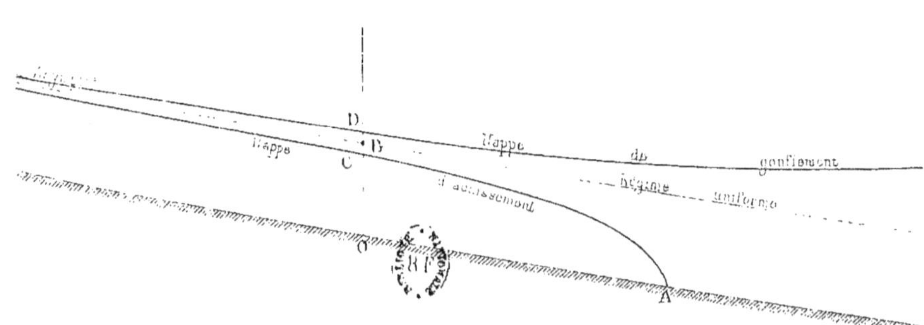

L. Courtier

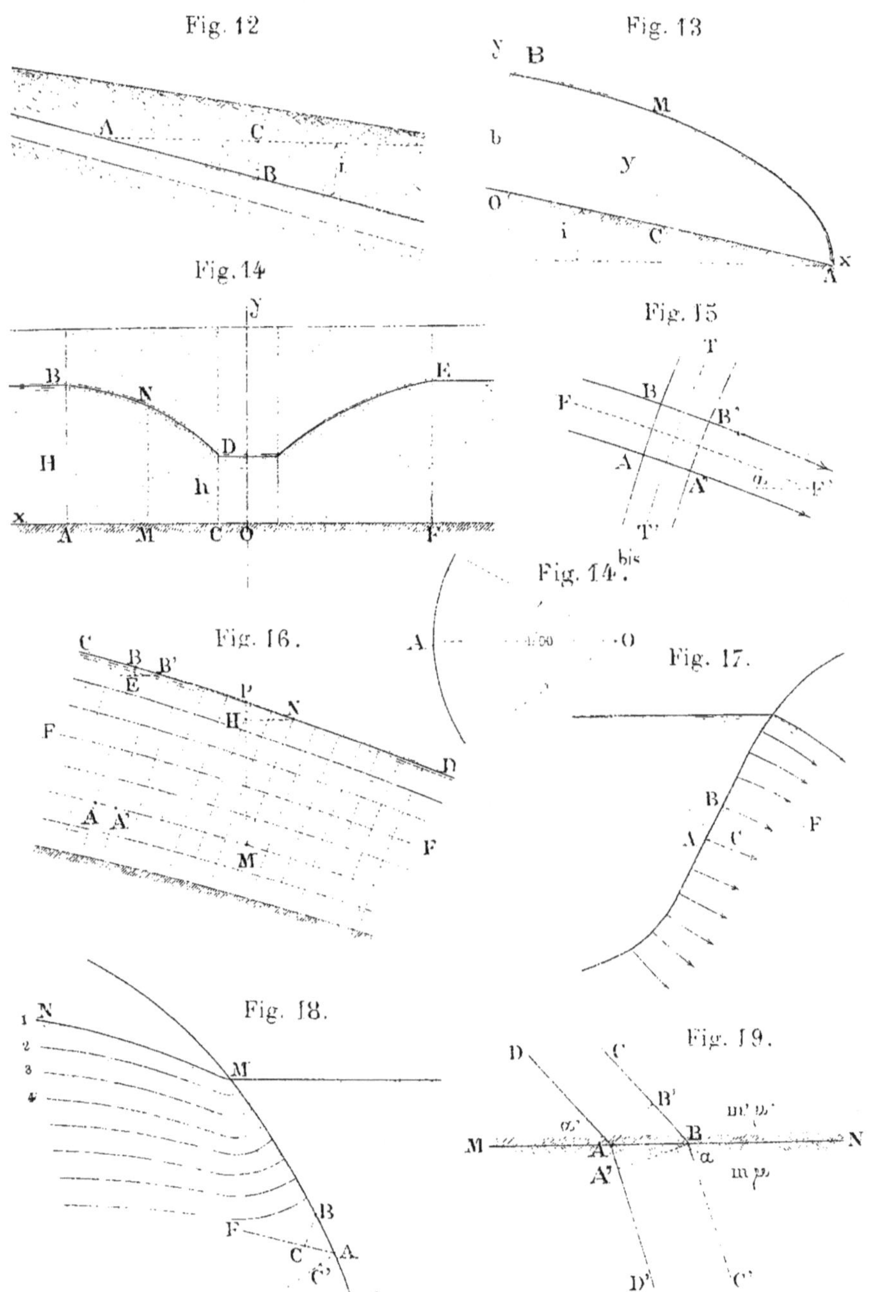
Fig. 12
A
C
B
i
Fig. 13
B
M
b
y
O
i
C
A
x
Fig. 14
y
B
N
E
D
H
h
x
A
M
C
O
F
Fig. 15
T
B
F
B'
A
A'
F'
T'
Fig. 14 bis
A
O
Fig. 16.
C
B
B'
E
P
H
N
F
D
A
A'
F
M
Fig. 17.
B
F
A
C
Fig. 18.
N
1
2
3
4
M
B
F
C
A
C'
B'
Fig. 19.
D
C
B'
M
A
B
N
A'
D'
C'

ÉTUDES SUR LES SOURCES

Fig. 20

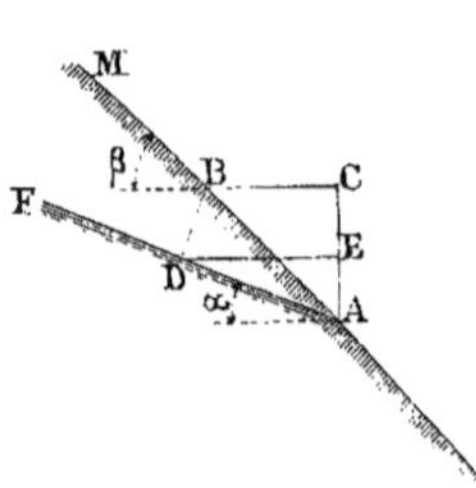

Fig. 21 — Nappe à débit constant coulant sur fond horizontal

Formule 19

Fig. 23 bis

Nappe debouchant à l'air libre.

Tracé simplifié des filets liquides.

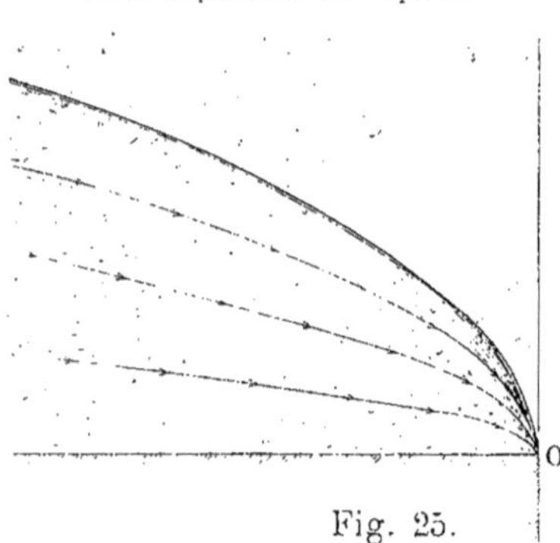

Fig. 24.

Nappe debouchant à l'air libre

Tracé exact des filets liquides.

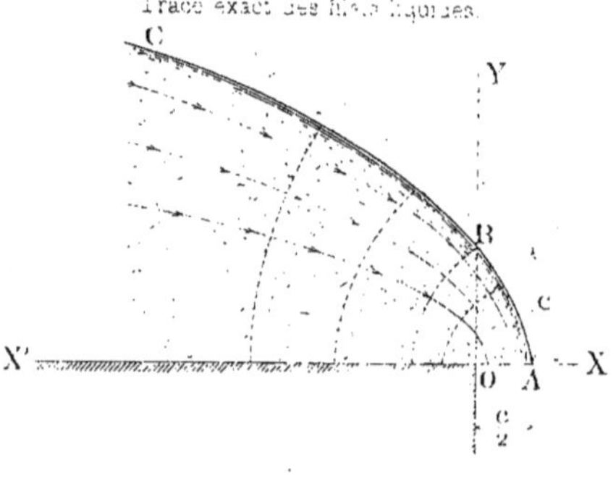

Fig. 25.

Nappe débouchant dans un réservoir d'eau par une paroi verticale.

Fig. 26.

Nappe débouchant à l'air libre.

Tracé [illegible] la source.

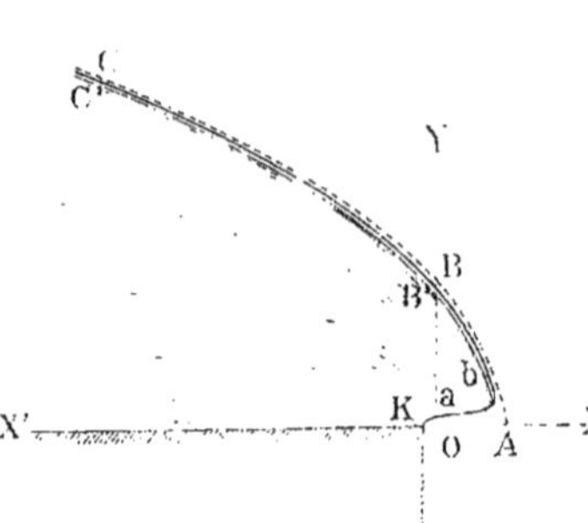

Fig. 27.

Nappe debouchant à l'air libre par une paroi verticale

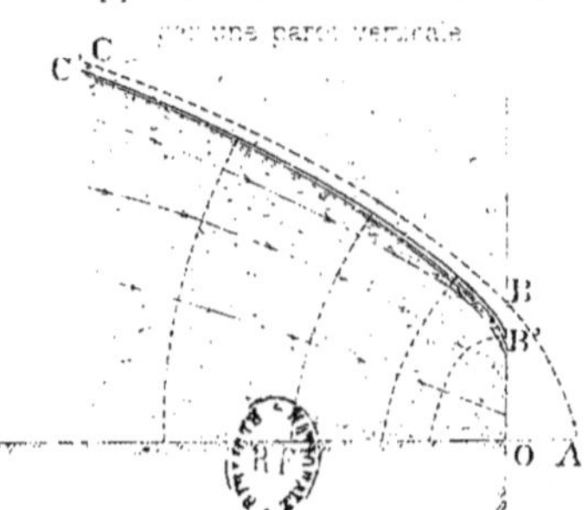

L. Courtier, sculp.

ÉTUDES SUR LES SOURCES

Fig. 22. — Nappe aquifère à débit constant coulant sur un fond horizontal
Échelle : 0m05 pour 1m
Partie terminale — Orifice de la Source

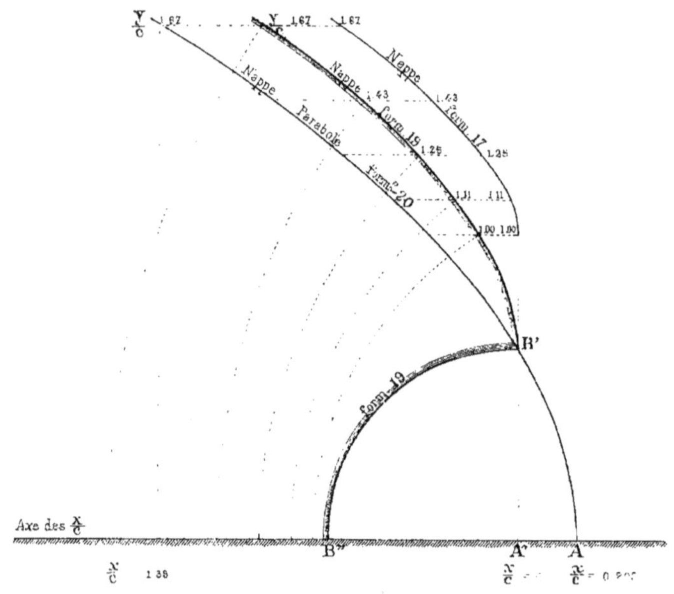

Fig. 23.
Nappe aquifère à débit constant coulant sur un fond horizontal

1 Tracé plein. — Formule de Dupuit (Parabole), formule 20
2 Tracé pointillé. — Formule 19

Échelles $\frac{X}{C}$ 0.000667 pour 1, $\frac{Y}{C}$ 0.00333 pour 1

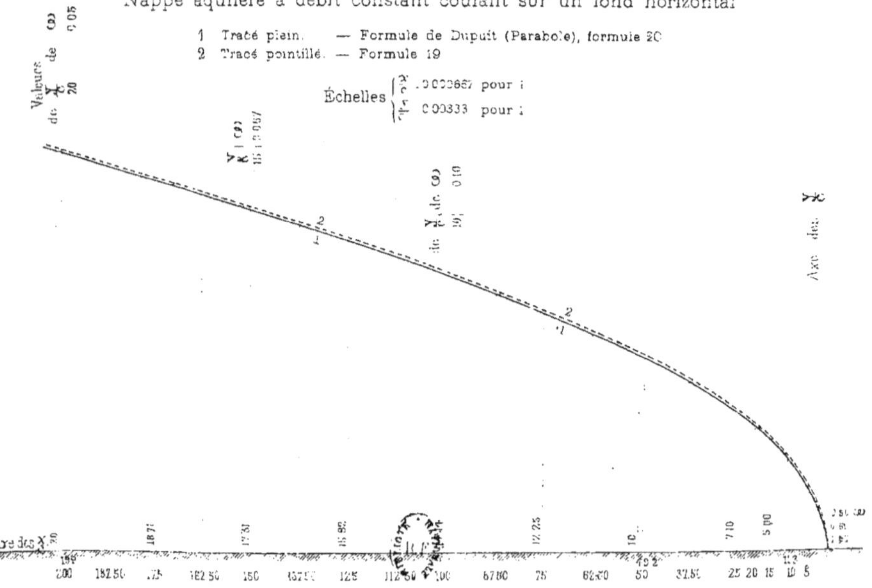

L. Courtier, grav.

ÉTUDES SUR LES SOURCES

Fig. 22. — Nappe aquifère à débit constant coulant sur un fond horizontal
Échelle : 0m05 pour 1m
Partie terminale — Orifice de la Source

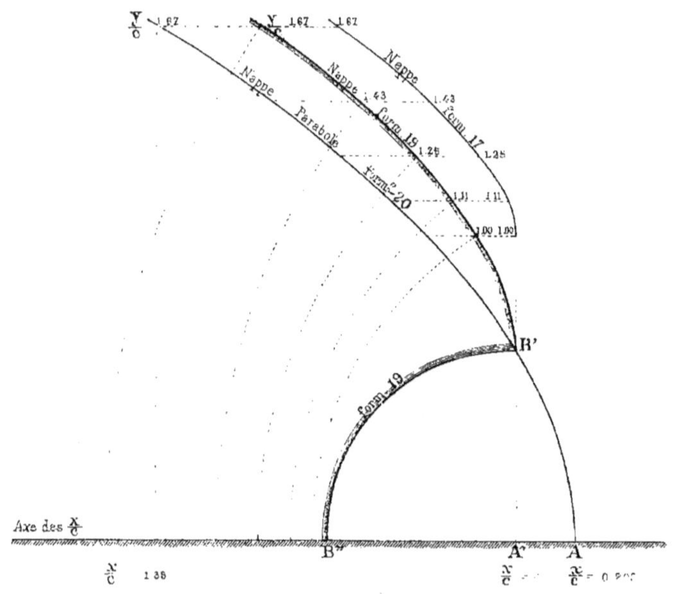

Fig. 23.
Nappe aquifère à débit constant coulant sur un fond horizontal

1 Tracé plein. — Formule de Dupuit (Parabole), formule 20
2 Tracé pointillé. — Formule 19

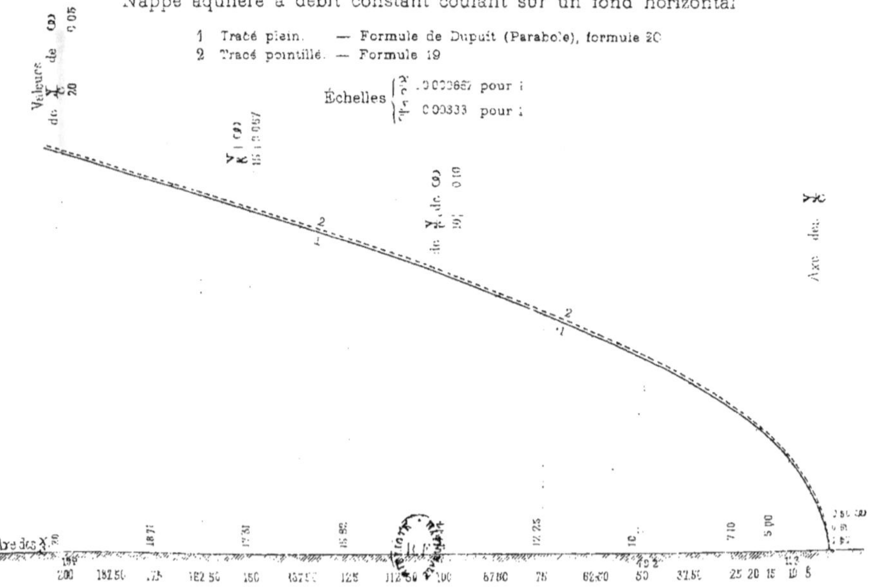

ÉTUDES SUR LES SOURCES

Fig. 28.

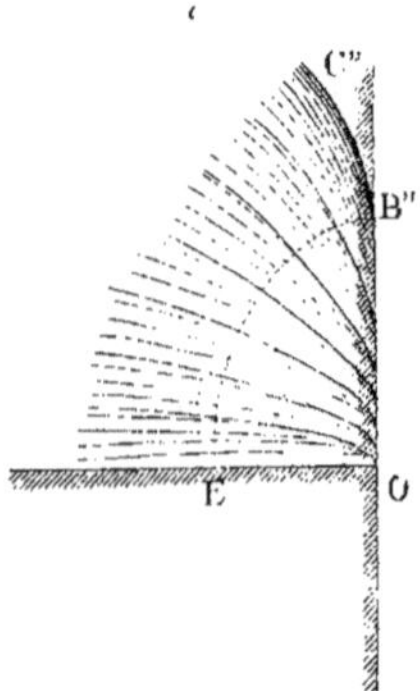

Fig. 29 — Nappe d'affleurement sur fond horizontal : Ellipse

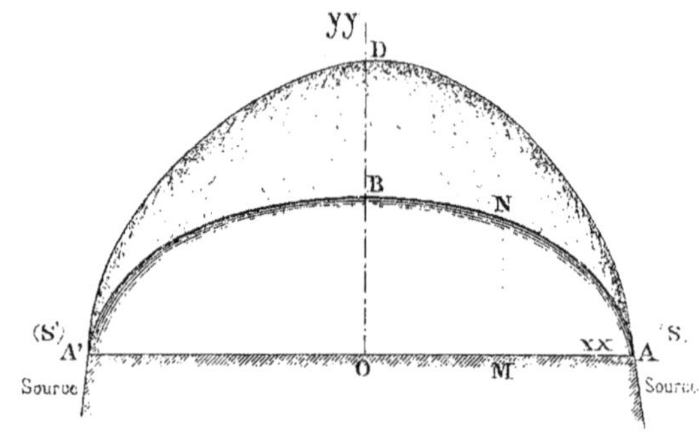

Fig. 30.

Fig. 31.

Nappe en ellipse.

Tracé des filets liquides réels.

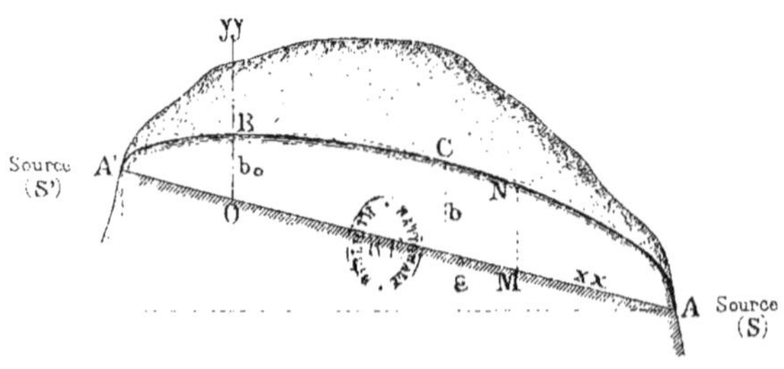

Fig. 32. — Nappe permanente d'affleurement, à 2 versants coulant sur fond incliné

L. Courtie.

ÉTUDES SUR LES SOURCES

Pl. IX.

Fig. 33. — Nappe permanente coulant sur un fond incliné

A_s — Source de versant | B — Point de partage des eaux
A'_s — Source de contreversant | C — Point de plus grande profondeur

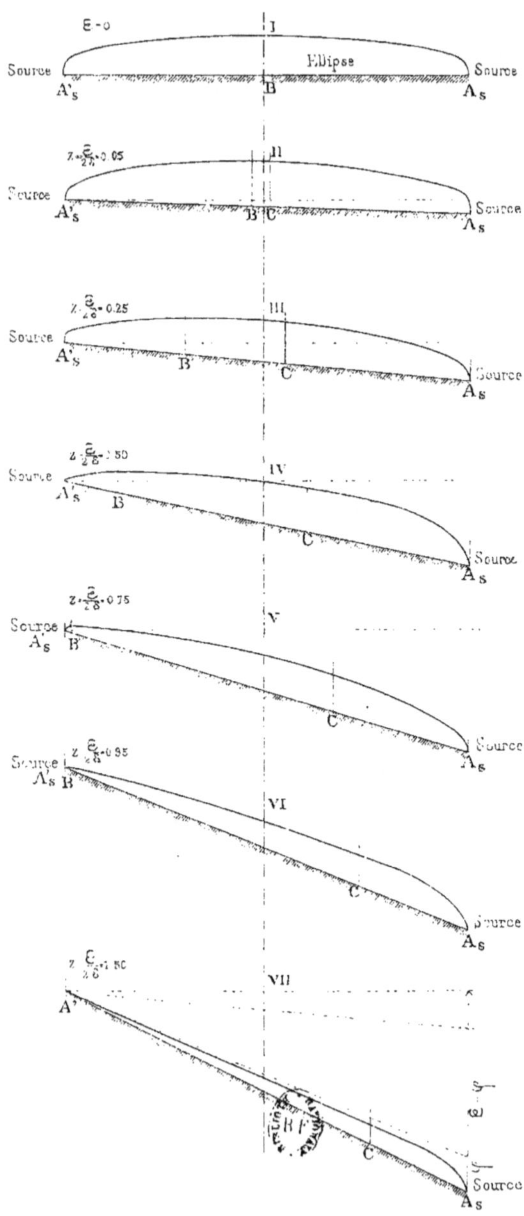

L. Courtier, 43500

ÉTUDES SUR LES SOURCES

PL. X.

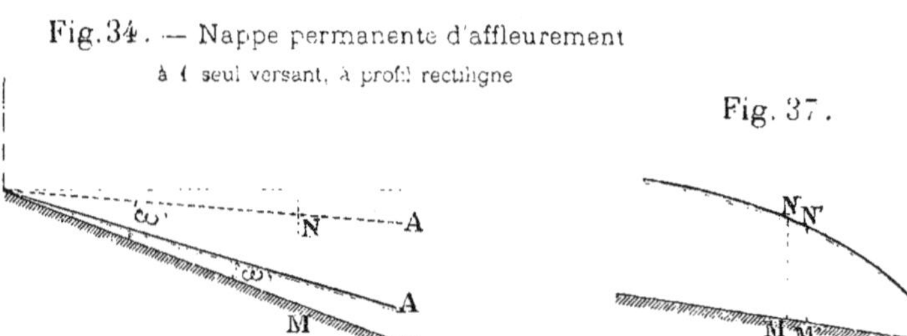

Fig. 34. — Nappe permanente d'affleurement à 1 seul versant, à profil rectiligne

Fig. 37.

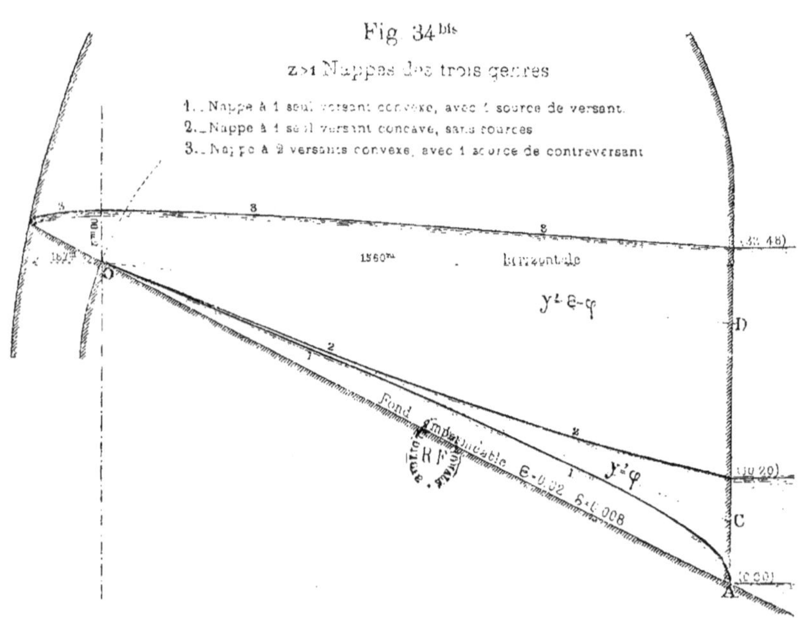

Fig 34 bis
z>1 Nappes des trois genres

L. Courtier

Fig 35. — Graphique des constantes numériques des nappes permanentes

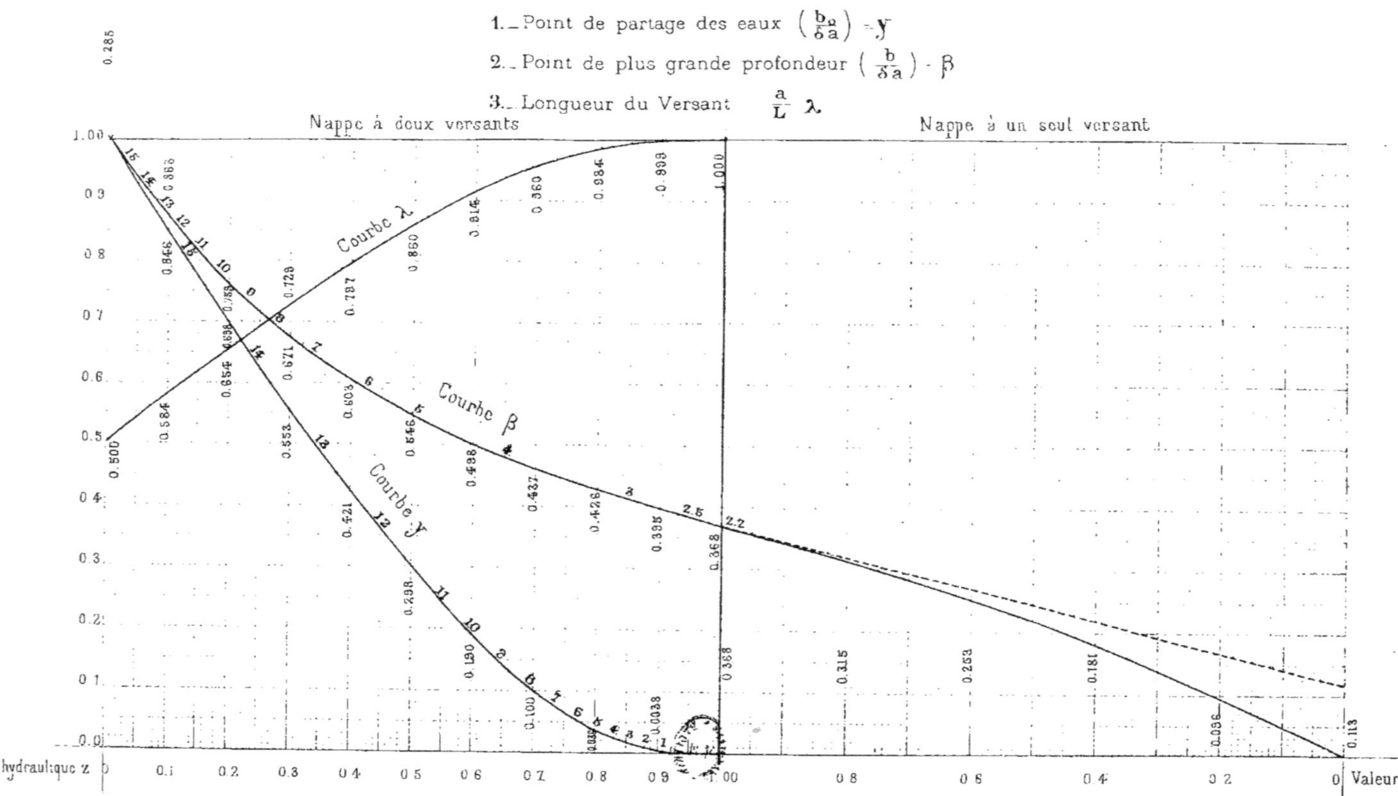

Nota : Les nombres inscrits le long des courbes indiquent les tangentes multipliées par 10

L. Courtier, Paris 43602

ÉTUDES SUR LES SOURCES

Fig. 35bis. - Graphique des constantes numériques des nappes

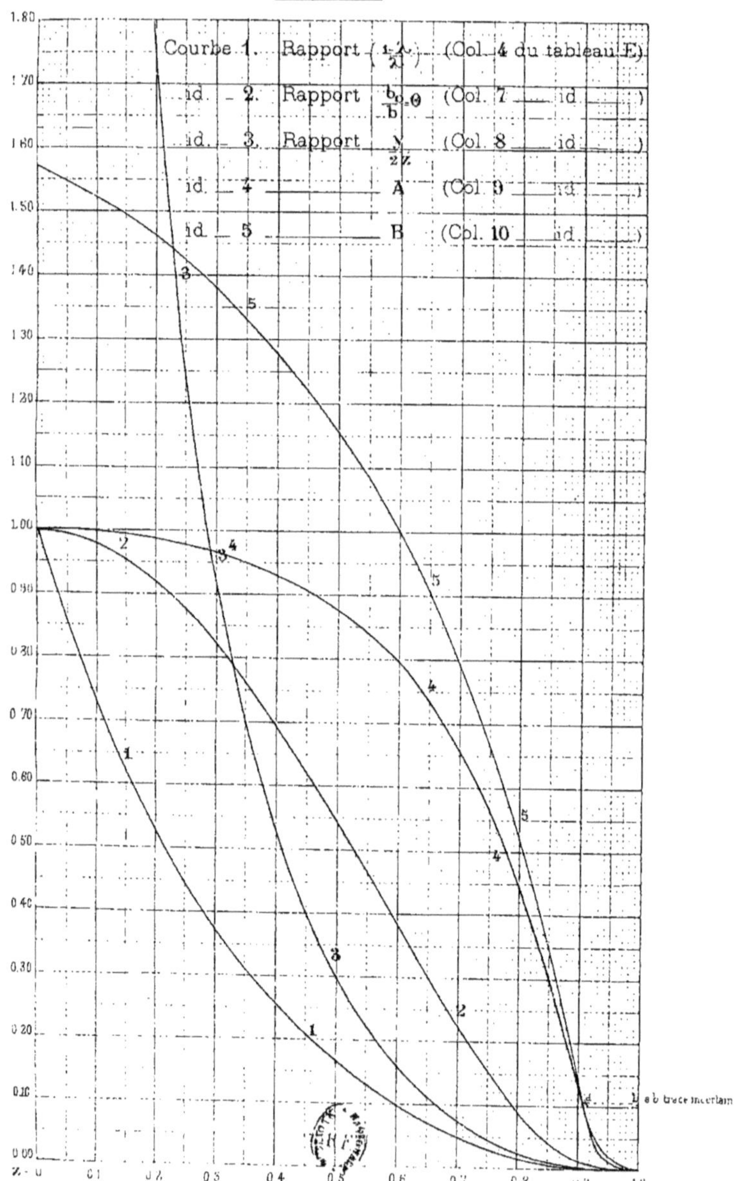

L. Courtier, Paris

Graphiques 36 — PROFILS-TYPES DES NAPPES PERMANENTES A DEUX VERSANTS

Légende

$\frac{x}{h}$ — Abscisses horizontales × 10

$\frac{y}{h_0}$ Ordonnées verticales × C

Les ordonnées sont comptées à partir du fond de la nappe A O A'

C Coefficient inscrit sous chaque profil

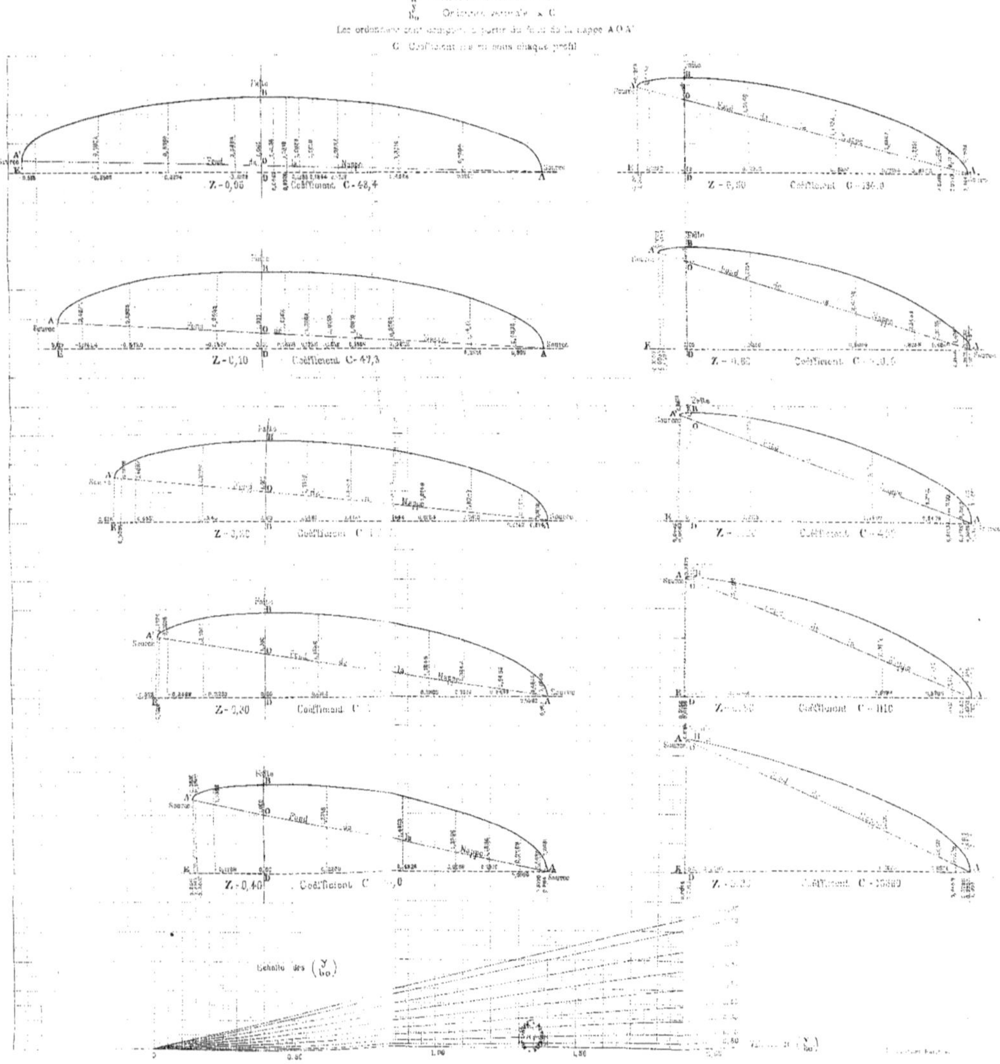

ÉTUDES SUR LES SOURCES

PL. XIV

Fig. 38. — Comparaison des nappes de crue, permanente et de décrue

(Nappe permanente, trait pointillé)

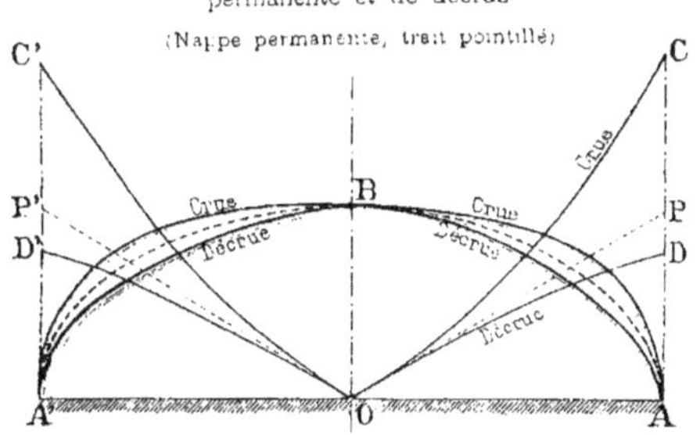

Fig. 38 bis.

C
D
E
O
F

Fig. 44.
Nappes de thalweg
Coupe transversale

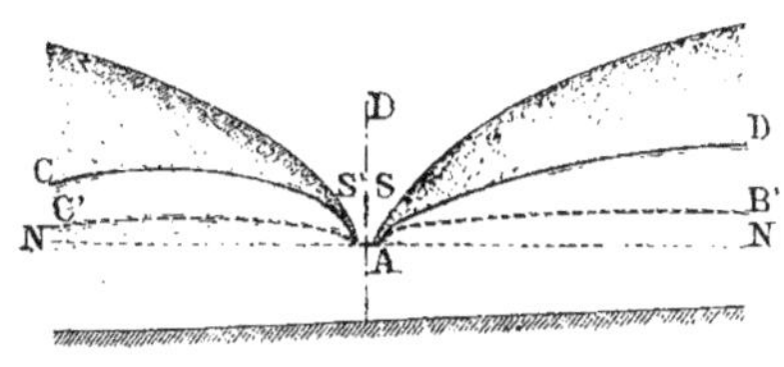

Fig. 44a.
Coupe longitudinale A D

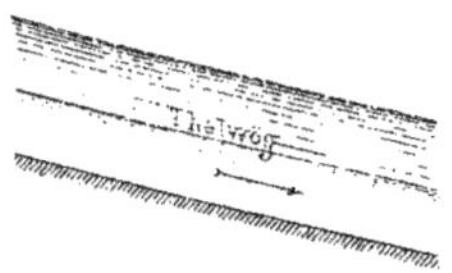

Fig. 39.
Abaissement d'une nappe
jusqu'au tarissement des sources

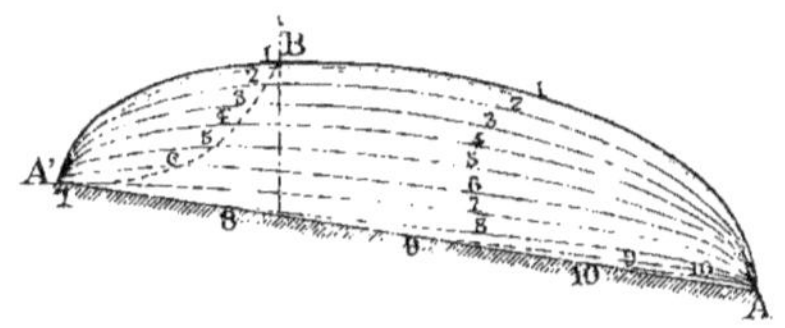

Fig. 40.

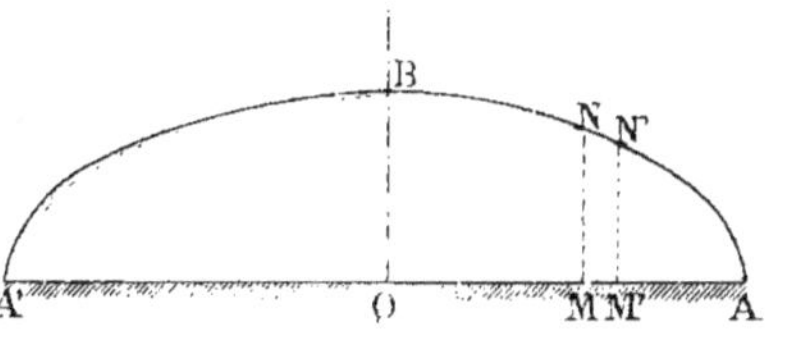

Fig. 42.

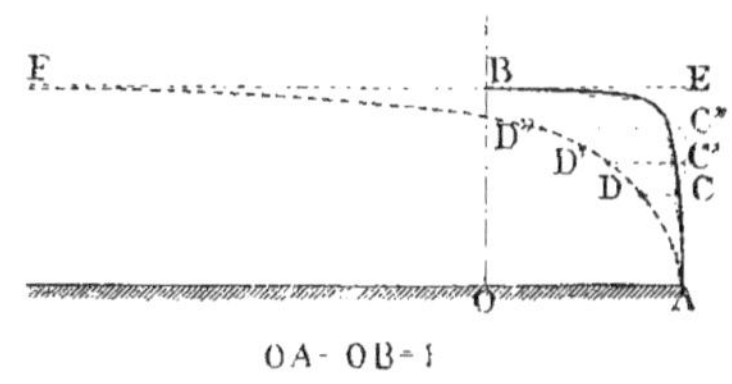

OA - OB = 1

Fig. 45.

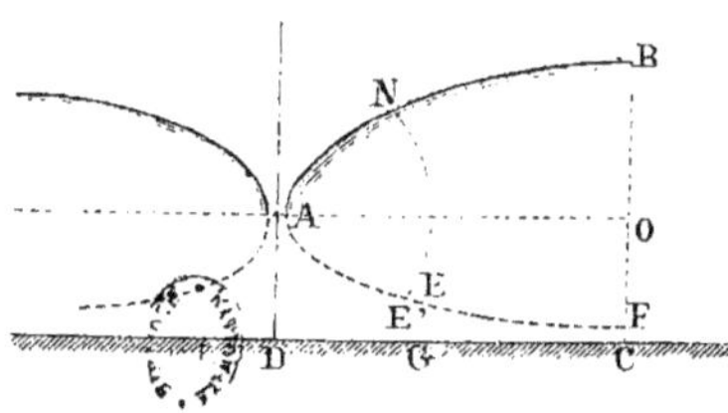

L. Courtier,

Fig. 41.

Nappes aquifères sur fond horizontal, de crues et décrues

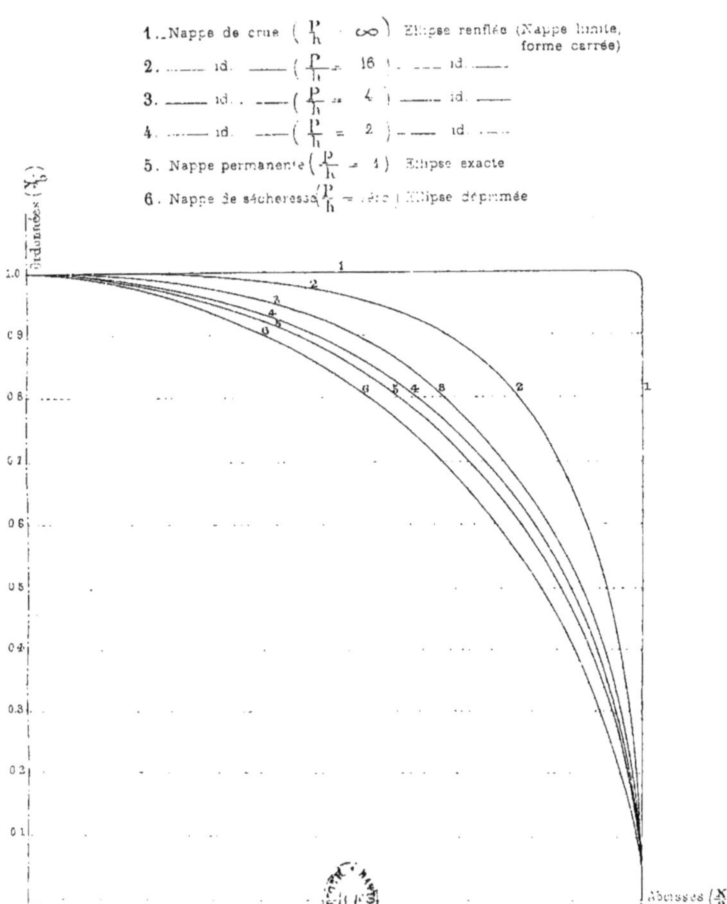

Fig. 43.

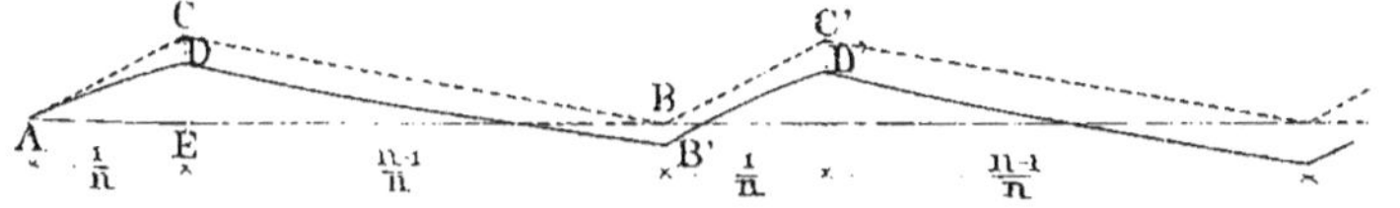

L. Courtier graveur

ÉTUDES SUR LES SOURCES

Pl. XVI

Fig. 47.

Nappes de thalweg sur fond horizontal

Tracé des filets liquides réels

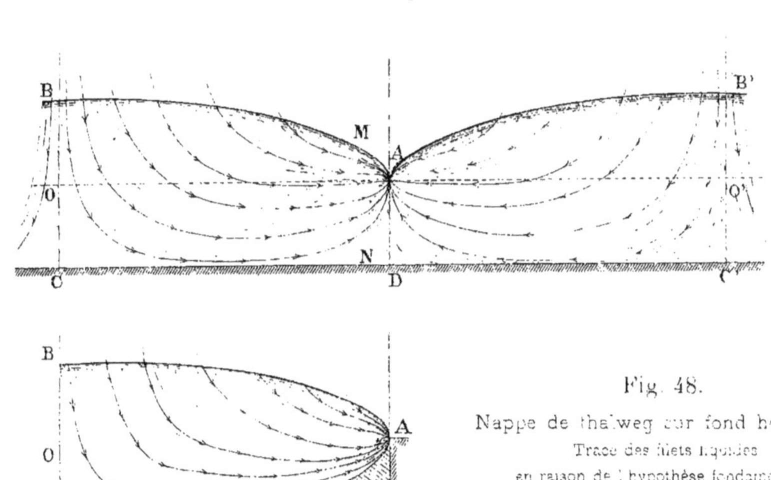

Fig. 48.

Nappe de thalweg sur fond horizontal.

Tracé des filets liquides

en raison de l'hypothèse fondamentale.

Fig. 46.

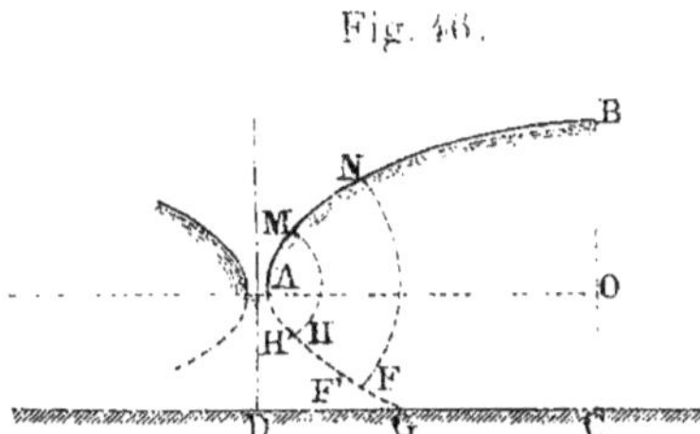

Fig. 49.

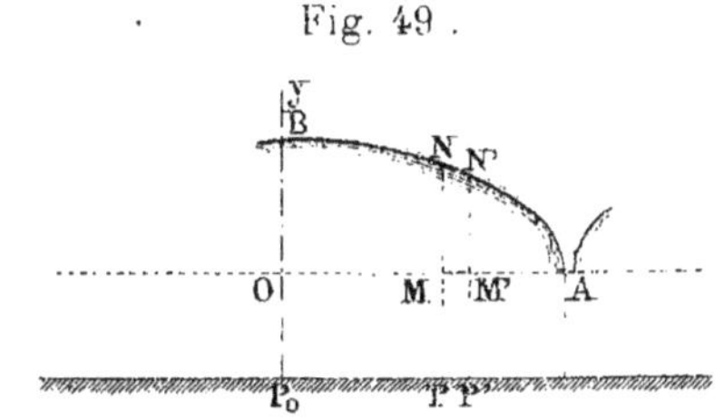

Fig. 50

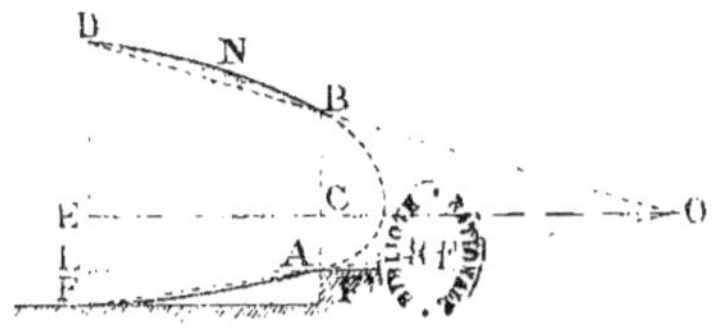

L. Courtier,

Fig. 51.
Nappes de thalweg
Vallée profonde

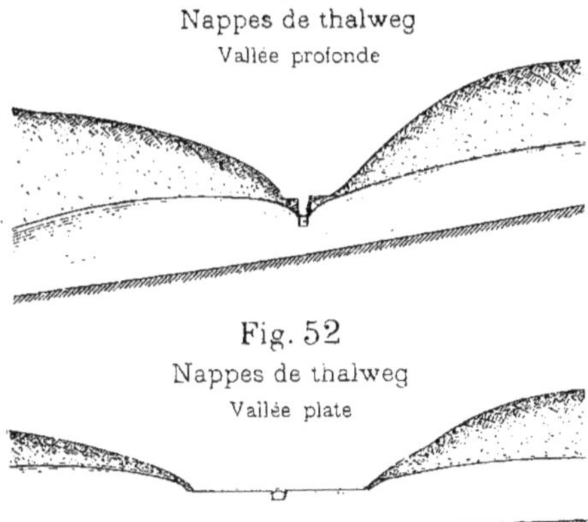

Fig. 52
Nappes de thalweg
Vallée plate

Fig. 53.

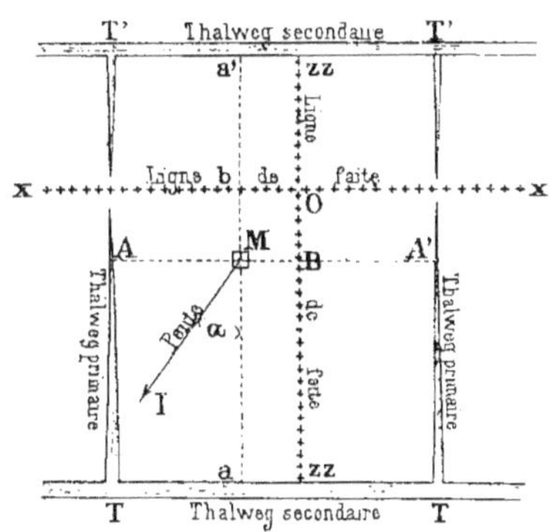

Fig. 54.

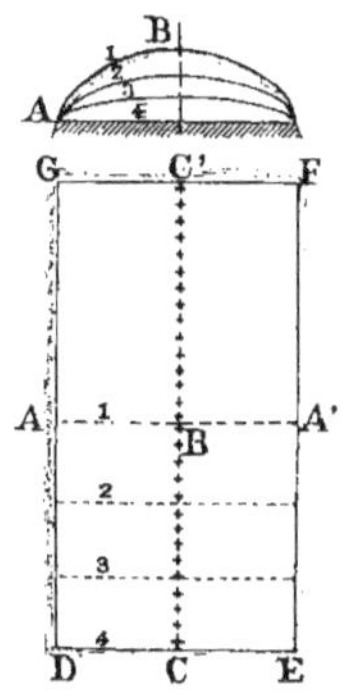

Fig. 55.

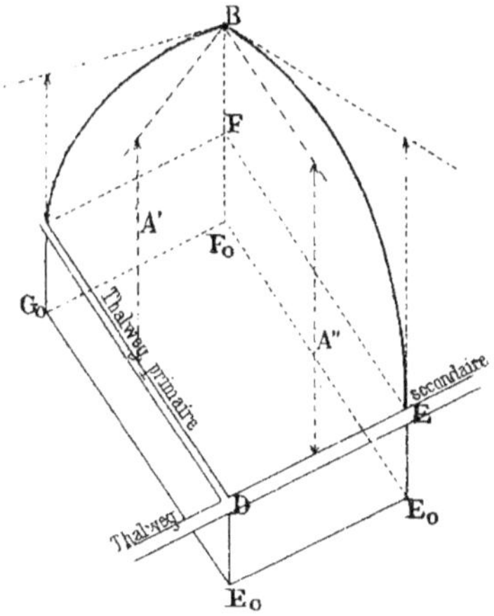

Fig. 56.

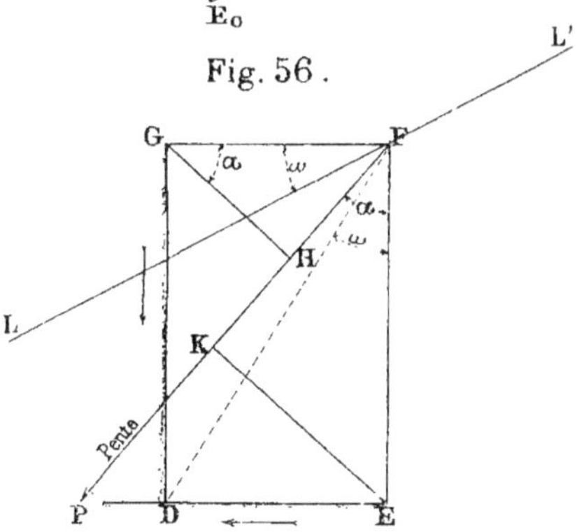

Fig. 57.

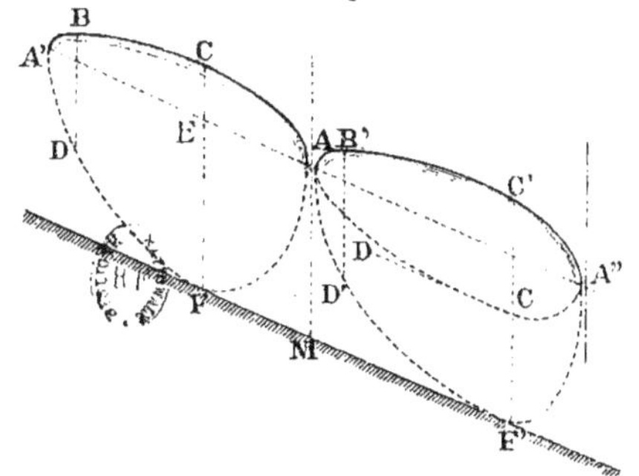

L. Courtier. 43506-43507

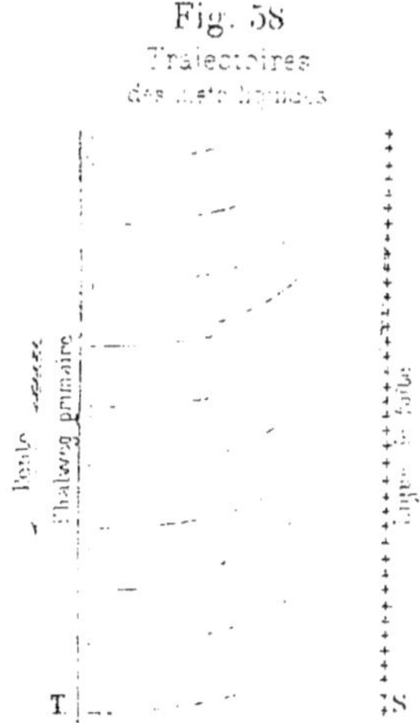

Fig. 58. Trajectoires des filets liquides

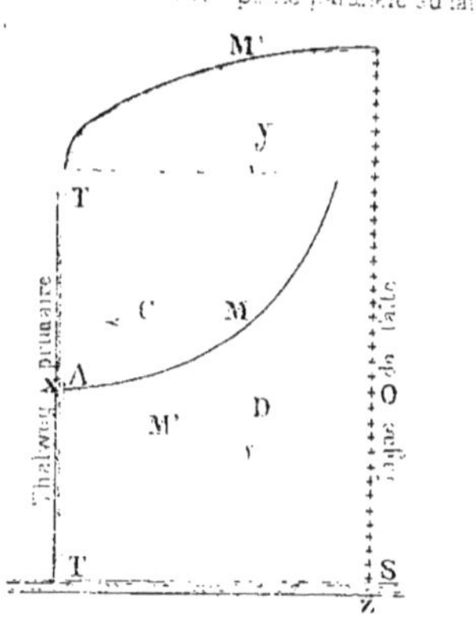

Fig 58 bis. Nappe sur fond incliné avec pente parallèle au faîte

Fig. 59. Trajectoires des filets liquides d'une nappe à sections elliptiques sur fond horizontal (c=2a)

Fig. 60. Trajectoires des filets liquides d'une nappe à fond horizontal avec répartition uniforme de l'apport pluvial (c=2a)

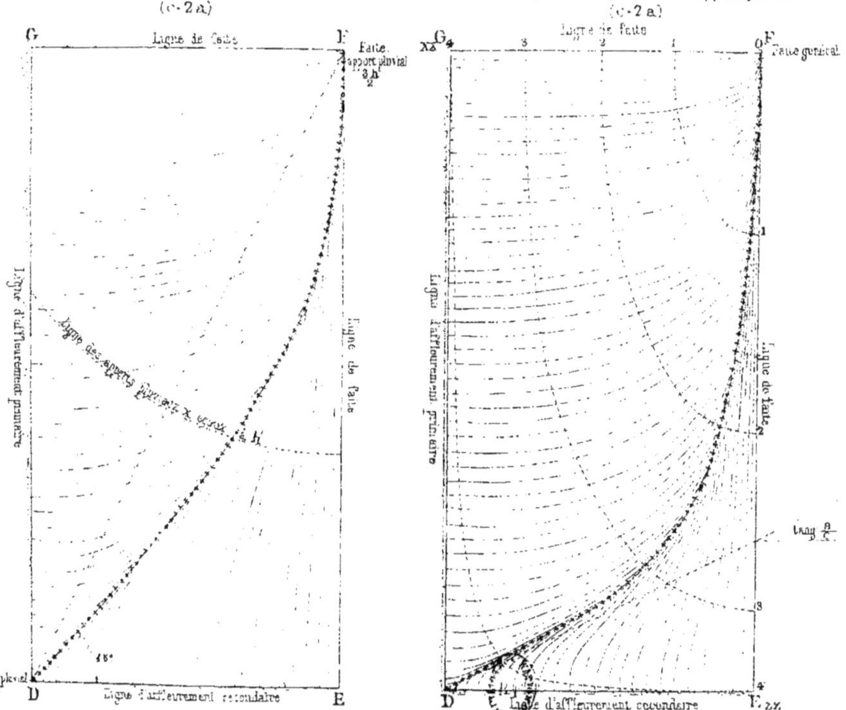

L. Courtier

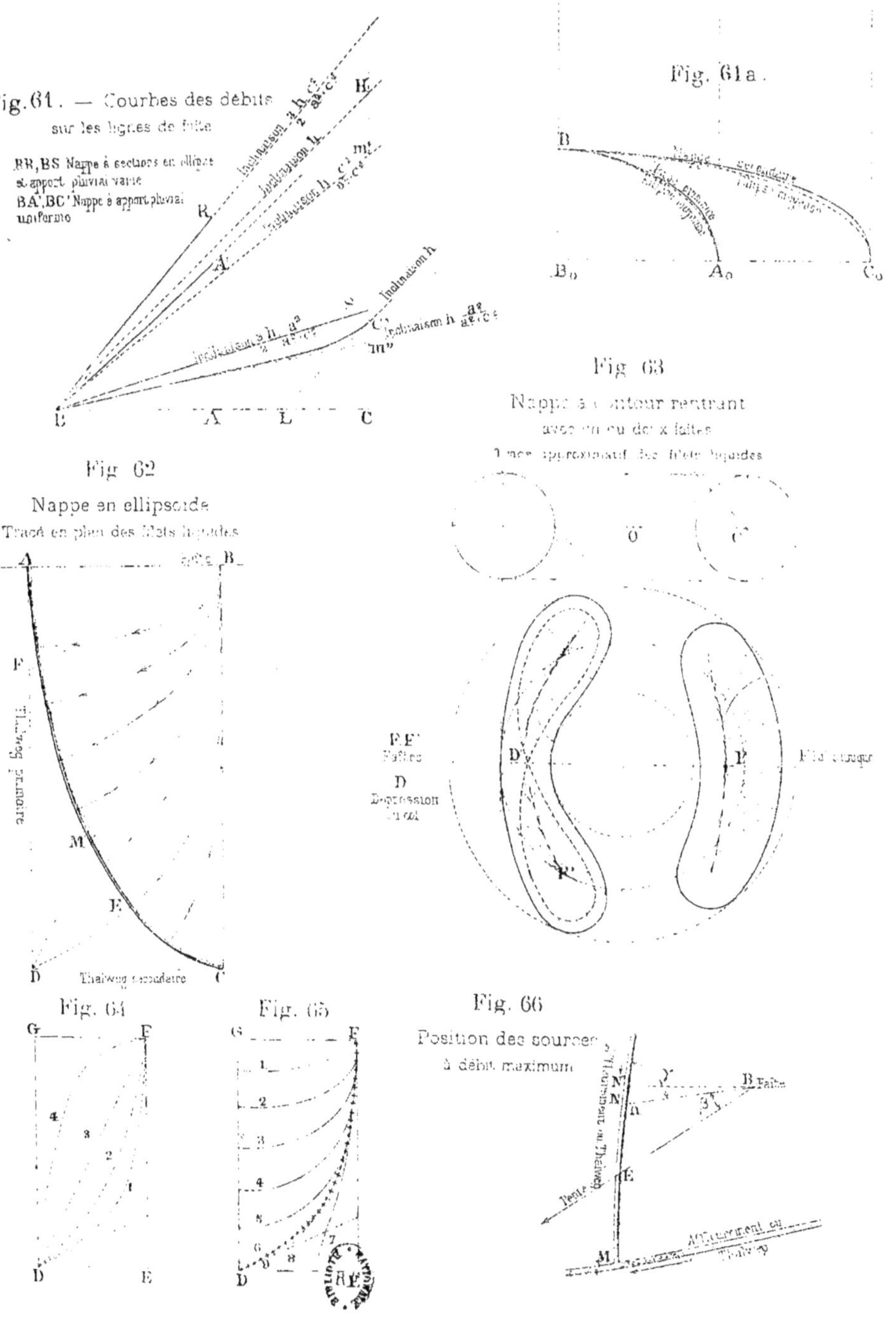

L. Courtier, 47572

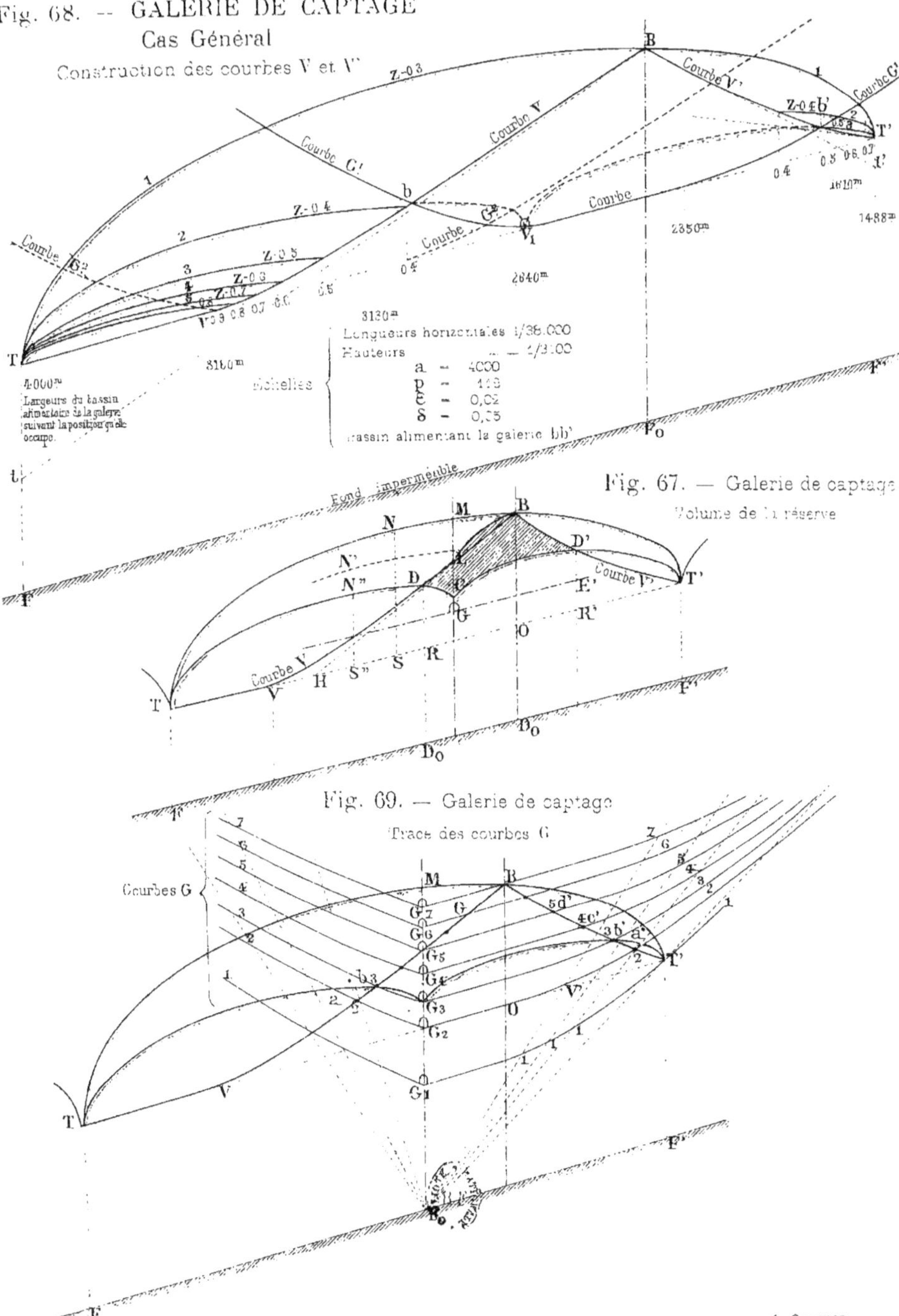
Fig. 68. — GALERIE DE CAPTAGE
Cas Général
Construction des courbes V et V'
Courbe V
Courbe V'
Courbe G'
Longueurs horizontales 1/38.000
Hauteurs 1/3100
Echelles
a = 4000
p = 148
ε = 0,02
δ = 0,05
Bassin alimentant la galerie bb'
Largeurs du bassin alimentaire de la galerie suivant la position qu'elle occupe.
Fond imperméable
Fig. 67. — Galerie de captage
Volume de la réserve
Fig. 69. — Galerie de captage
Tracé des courbes G
Courbes G

L. Courtier

Pl. XXI

ÉTUDES SUR LES SOURCES

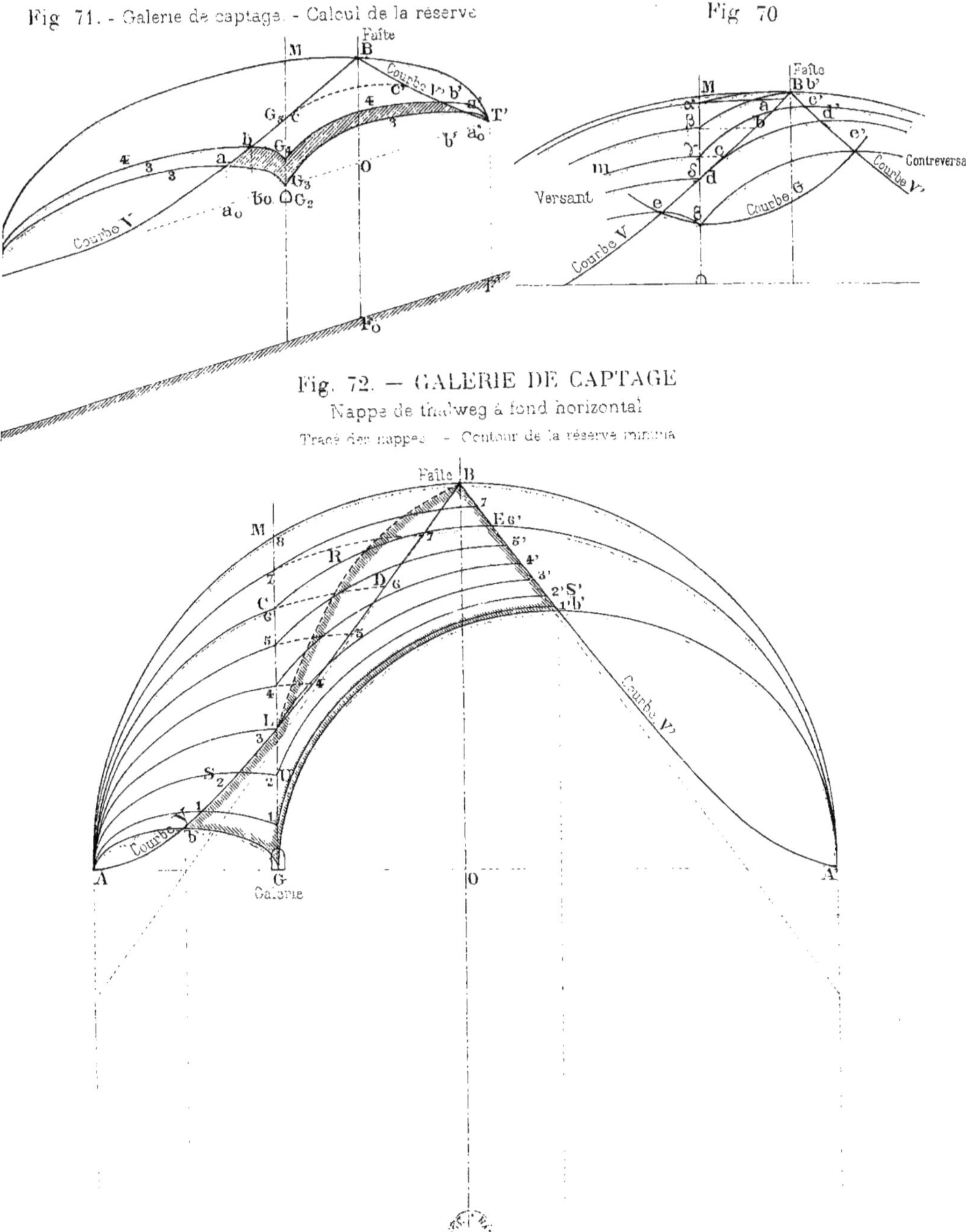

L. Courtier 47624

Fig. 73. — GALERIE DE CAPTAGE

Nappe de thalweg à fond incliné

Tracé des nappes — Contour de la réserve minima

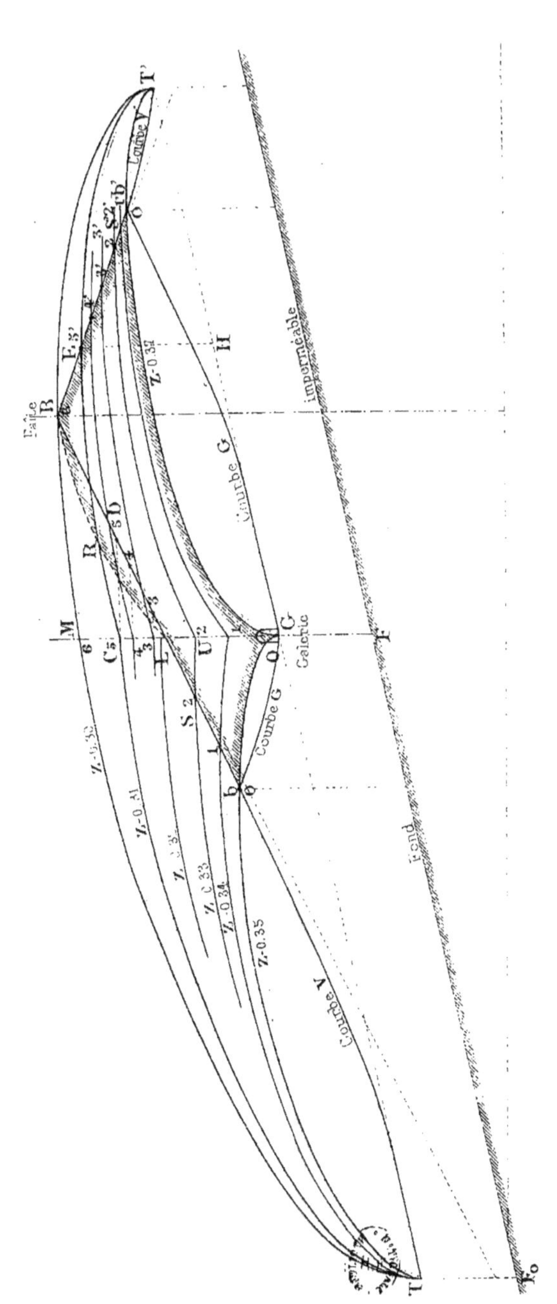

ÉTUDES SUR LES SOURCES

Fig. 74. — GALERIE DE CAPTAGE

Nappe d'affleurement à fond horizontal

Trace des nappes

Graphique de la réserve minima

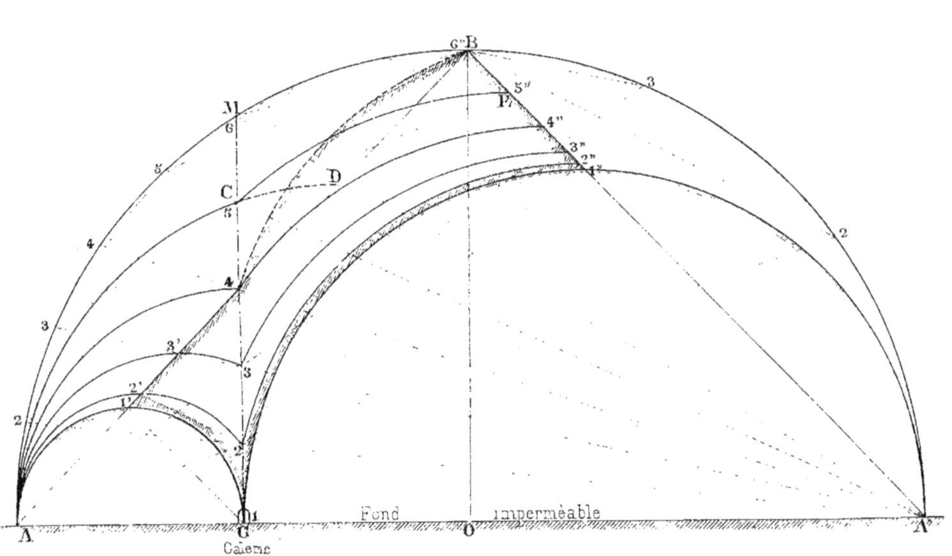

Fig. 75. — GALERIE DE CAPTAGE

Nappe d'affleurement à fond incliné

Trace des nappes

Contour de la réserve minima

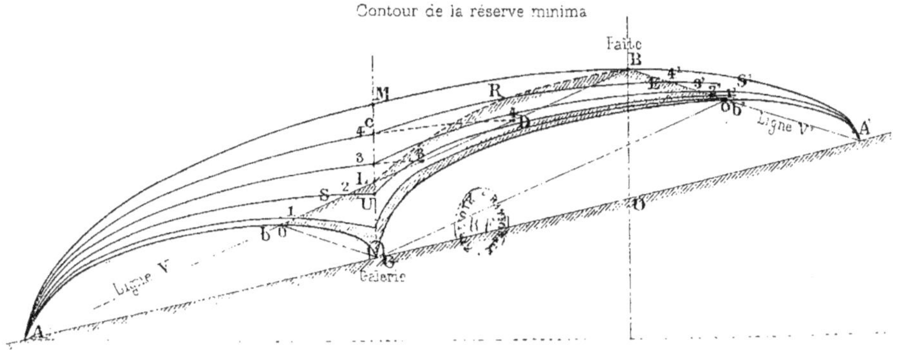

L. Courtier

ÉTUDES SUR LES SOURCES

Fig. 76. — Galerie de captage
Graphique de la réserve minima
aux diverses hauteurs de contrecharge

Fig. 77. — Galerie de captage
Nappe d'affleurement à fond horizontal
Graphique de la réserve minima
aux diverses hauteurs de contrecharge

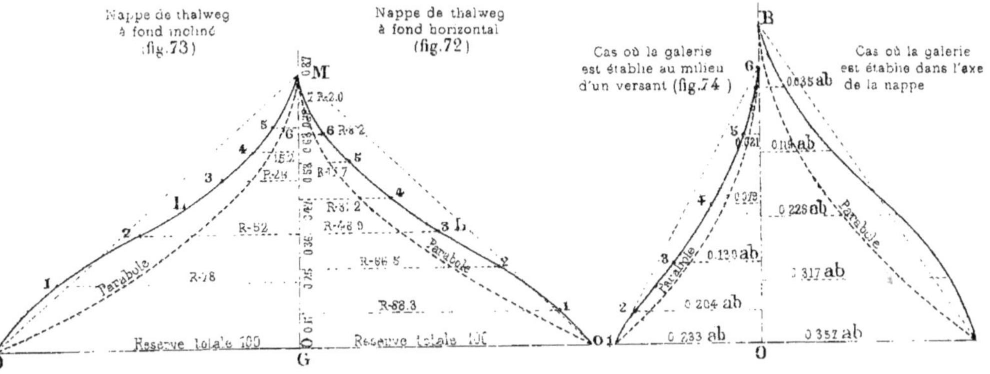

Fig. 78. — GALERIE
à abaissement rapide du sillon
Schéma des nappes successives

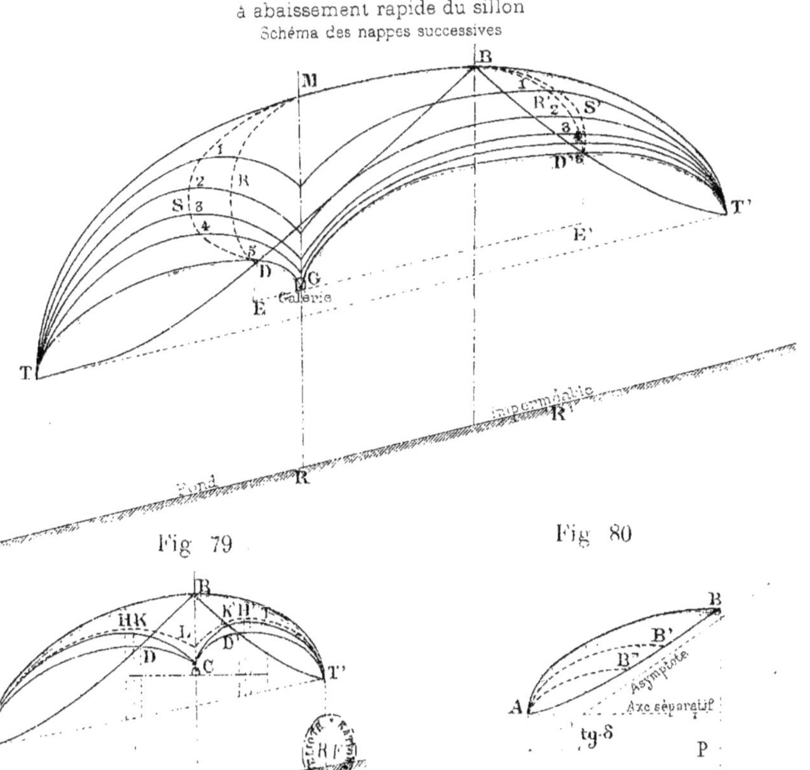

L. Courtier, 67027

ÉTUDES SUR LES SOURCES

Fig. 81. — Galerie de captage
Graphique dans le cas d'une nappe sur fond horizontal.

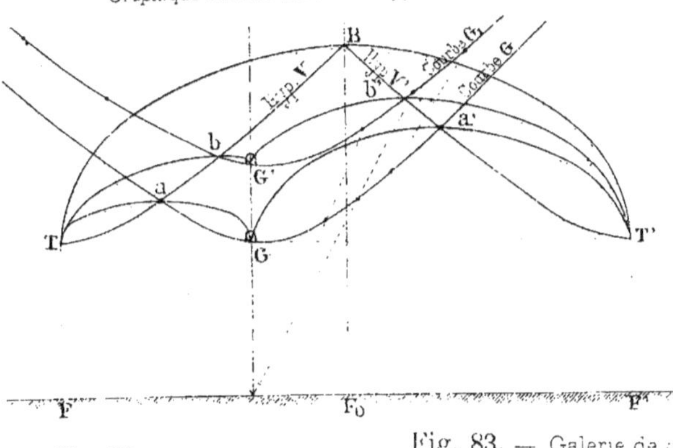

Fig. 82

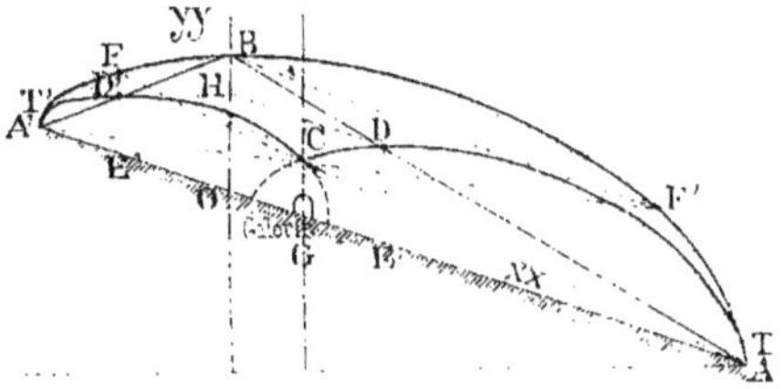

Fig. 83. — Galerie de captage
ouverte dans une nappe d'affleurement

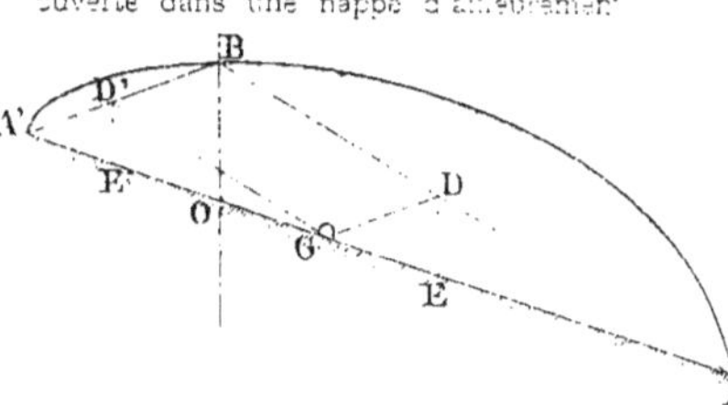

Fig. 84
G Galerie (3e cas)

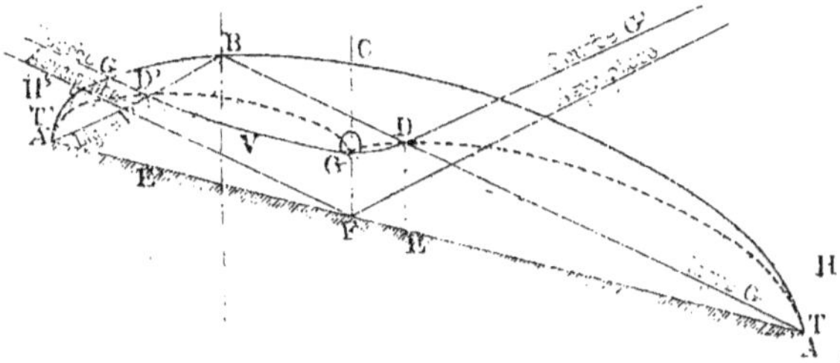

Fig. 85. — Galerie de captage
ouverte dans une nappe d'affleurement
à 1 seul versant

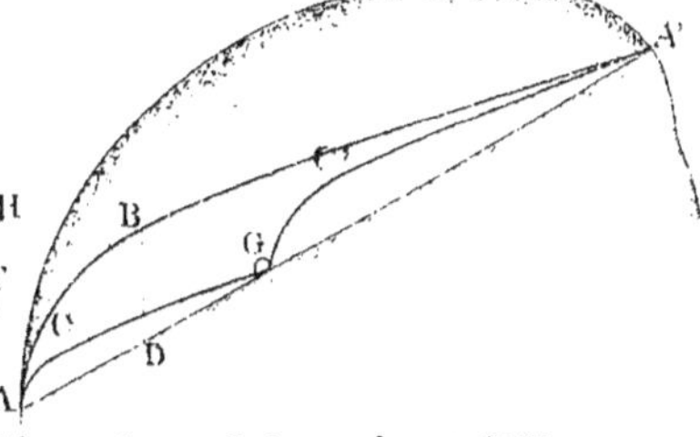

Fig. 87. — Galerie de captage
ouverte dans une nappe de thalweg à 1 seul versant
Recherche de la meilleure position de la Galerie

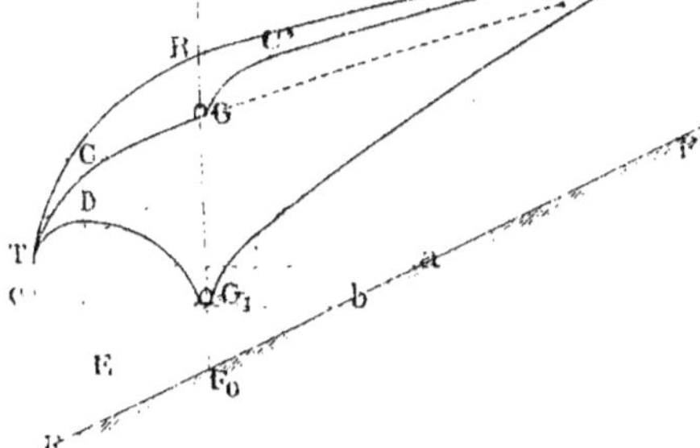

Fig. 86 — Galerie de captage
ouverte dans une nappe de thalweg
à 1 seul versant

J. Courtier Paris

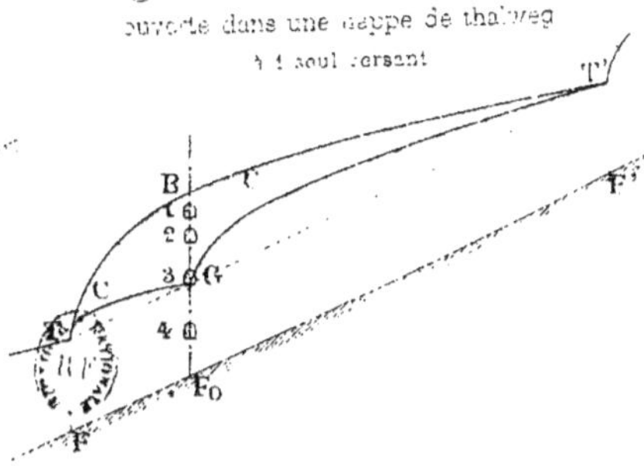

ÉTUDES SUR LES SOURCES

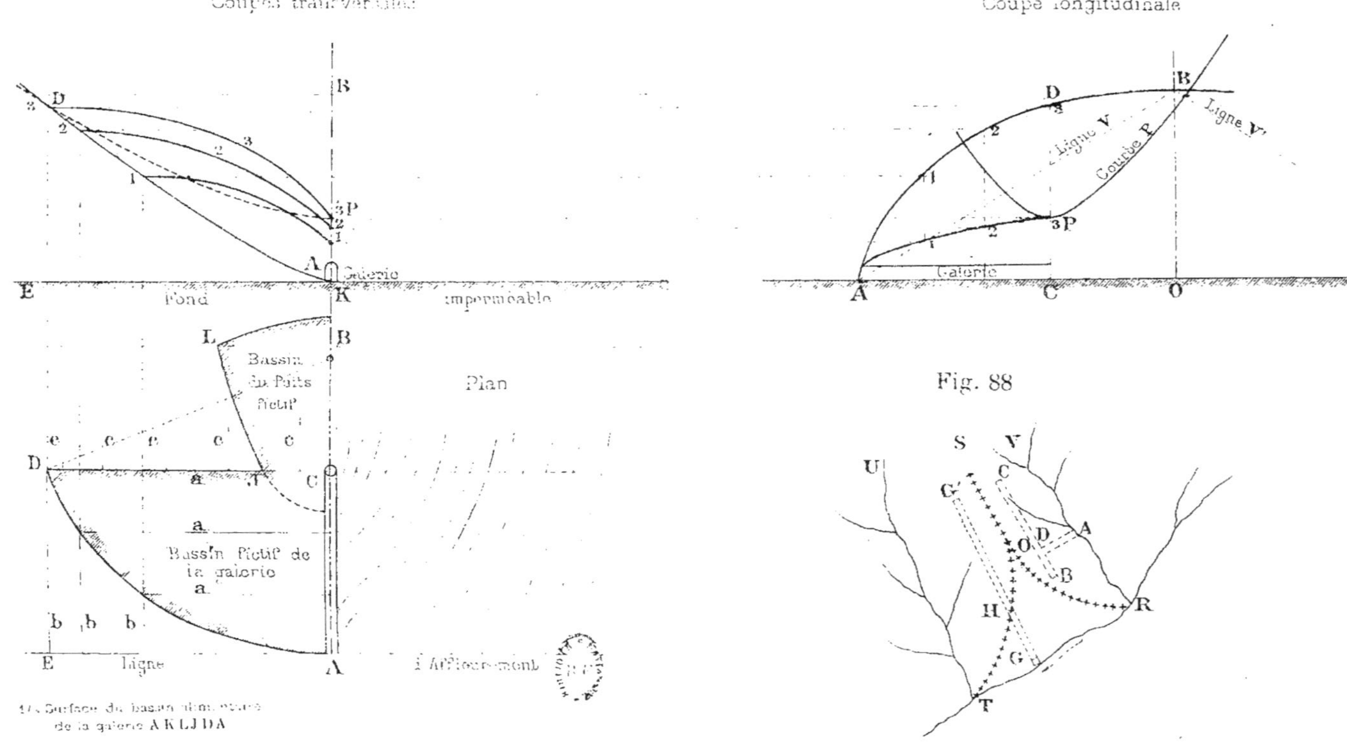

Fig. 89 — GALERIE DE PENETRATION

Coupes transversales

1/4 Surface du bassin alimentaire de la galerie A K L J D A

Fig. 90

Coupe longitudinale

Fig. 88

I. Courtier Paris

Fig. 91
Galerie
sur le fond d'une nappe
à surface horizontale

Fig. 92
Galerie
à l'intérieur d'une nappe
à surface horizontale

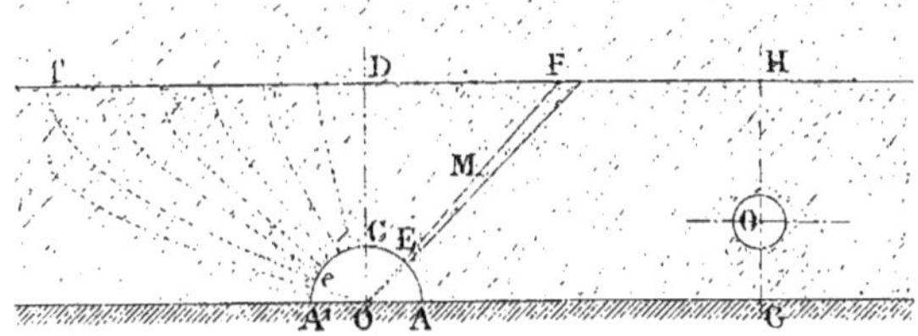

OD = C
OC = R

Fig. 94
Galerie de captage sur le fond d'une nappe
formant entonnoir

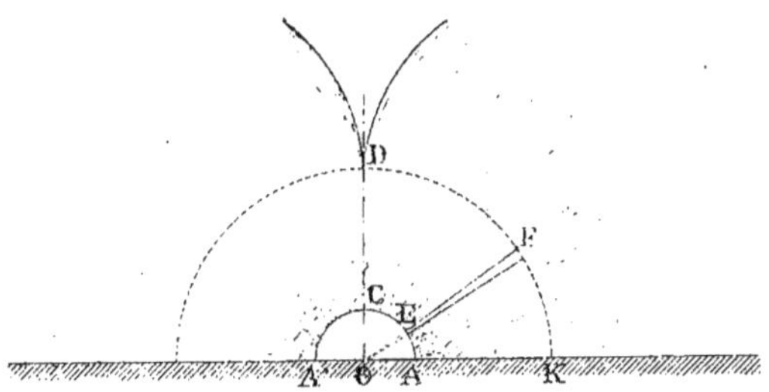

Fig. 93
Répartition des debits
suivant les directions

a - galerie pleine
b - galerie vide

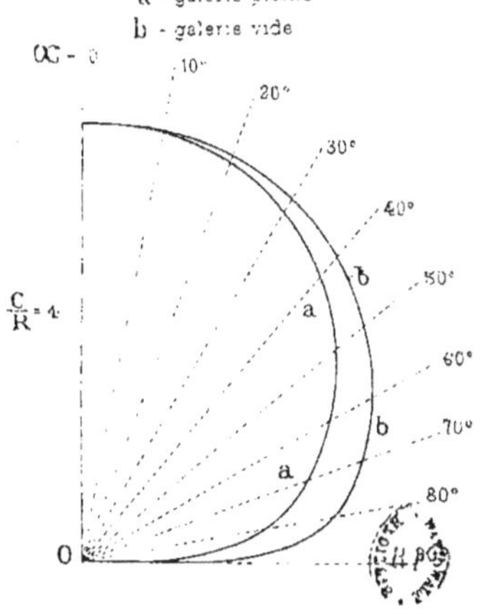

Fig. 95
Galerie de captage à l'intérieur d'une nappe
formant entonnoir

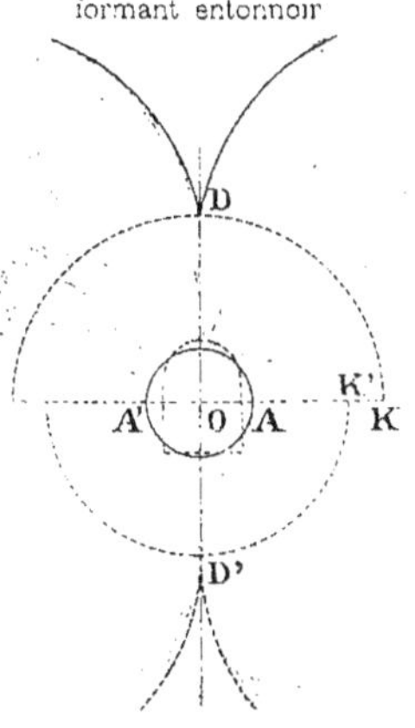

L Courtier Paris 3523

ÉTUDES SUR LES SOURCES

PL. XXVIII

Fig. 96

Plan

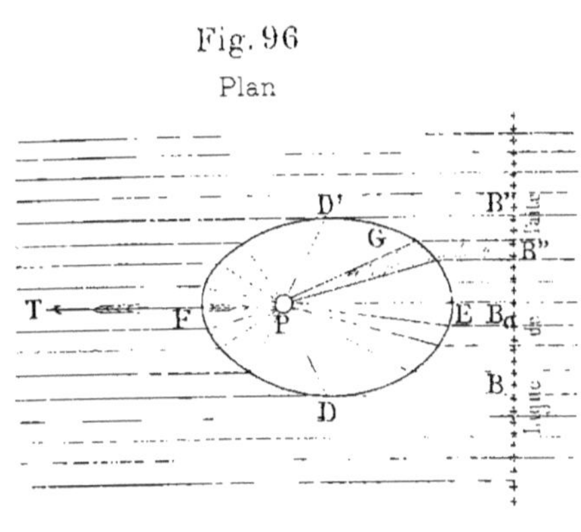

Fig 97. — Puits de captage

Profil de la nappe à filets convergents

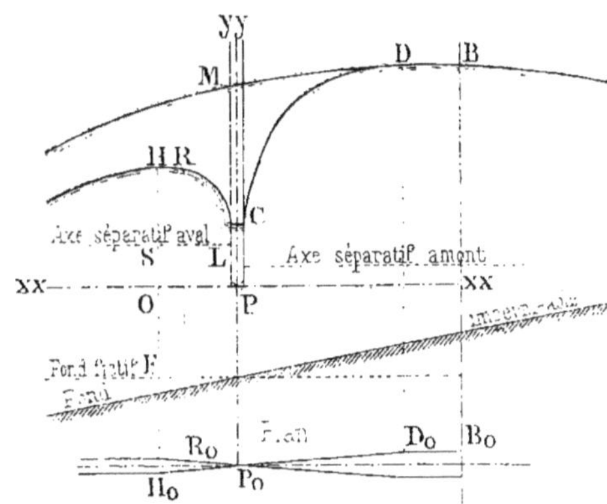

Fig. 98 — PUITS DE CAPTAGE. — Graphique

1er Cas

$G_0 G_0$ Limites du bassin alimentaire d'une galerie de même profondeur que le puits.

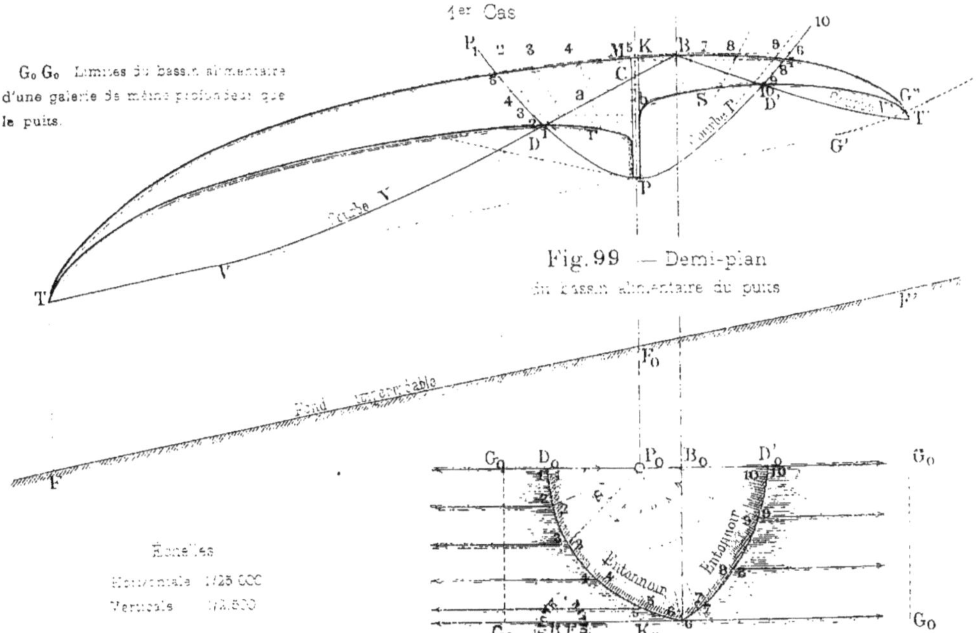

Courbe T

Courbe V

Fig. 99 — Demi-plan

du bassin alimentaire du puits

Fond imperméable

Entonnoir

Échelles

Horizontale 1/25.000

Verticale 1/2.500

Contour du bassin du puits

1 2 3 4 5 6 7 8 9 10

Contour de l'entonnoir

1 2 3 4 5 K_0 6 7 8 9 10

Données des Graphiques

$a = 4000^m$	$\varepsilon = 0.018$
$b_0 = 70$	$\frac{\varepsilon}{2\delta} = 0.20$
$p = 100^m$	$z' = 0.30$
$R = 1.50$	$m = 0.37$
$\delta = 0.045$	$\mu = 10^8$

Fig. 100

Élévation des sillons

[illegible] dans les nappes par l'appel du puits

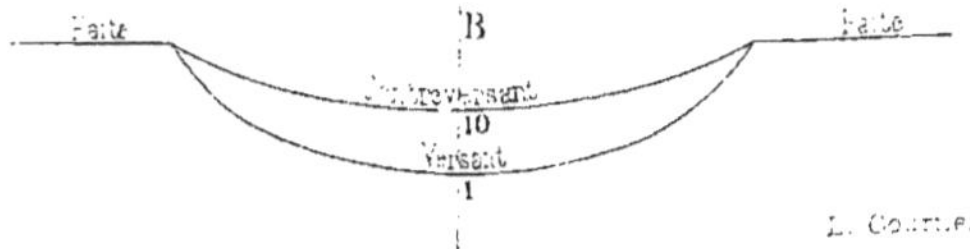

Faîte

B

Faîte

Contreversant

10

Versant

1

L. Courtier

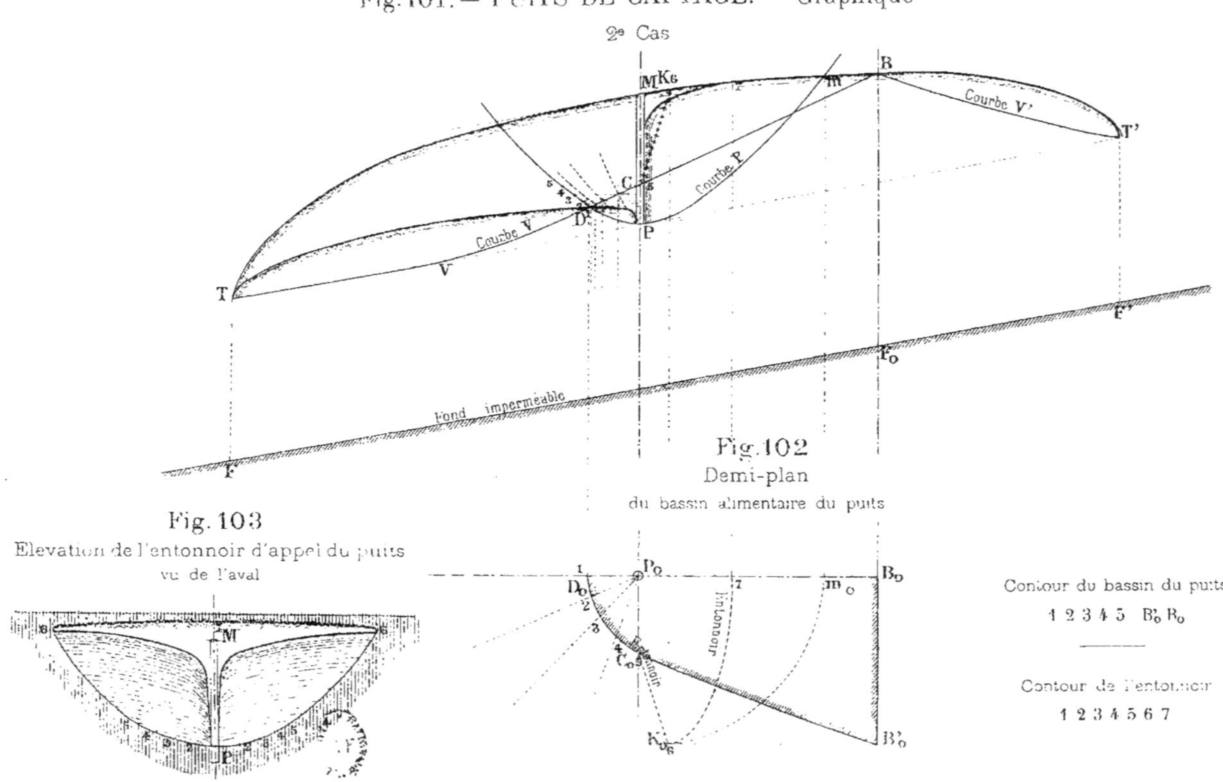

L. Courtier, 43580

ÉTUDES SUR LES SOURCES

Pl. XXX

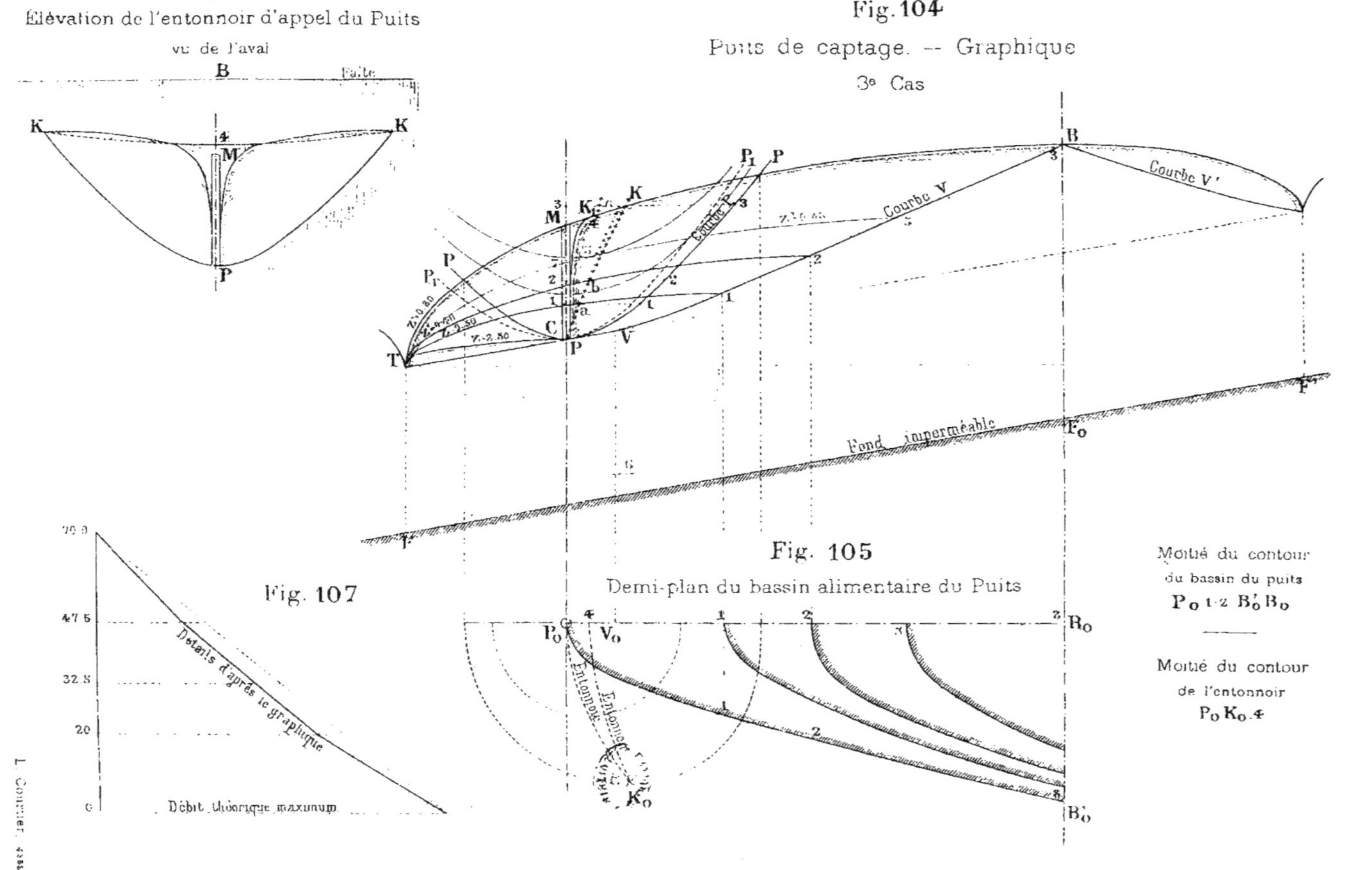

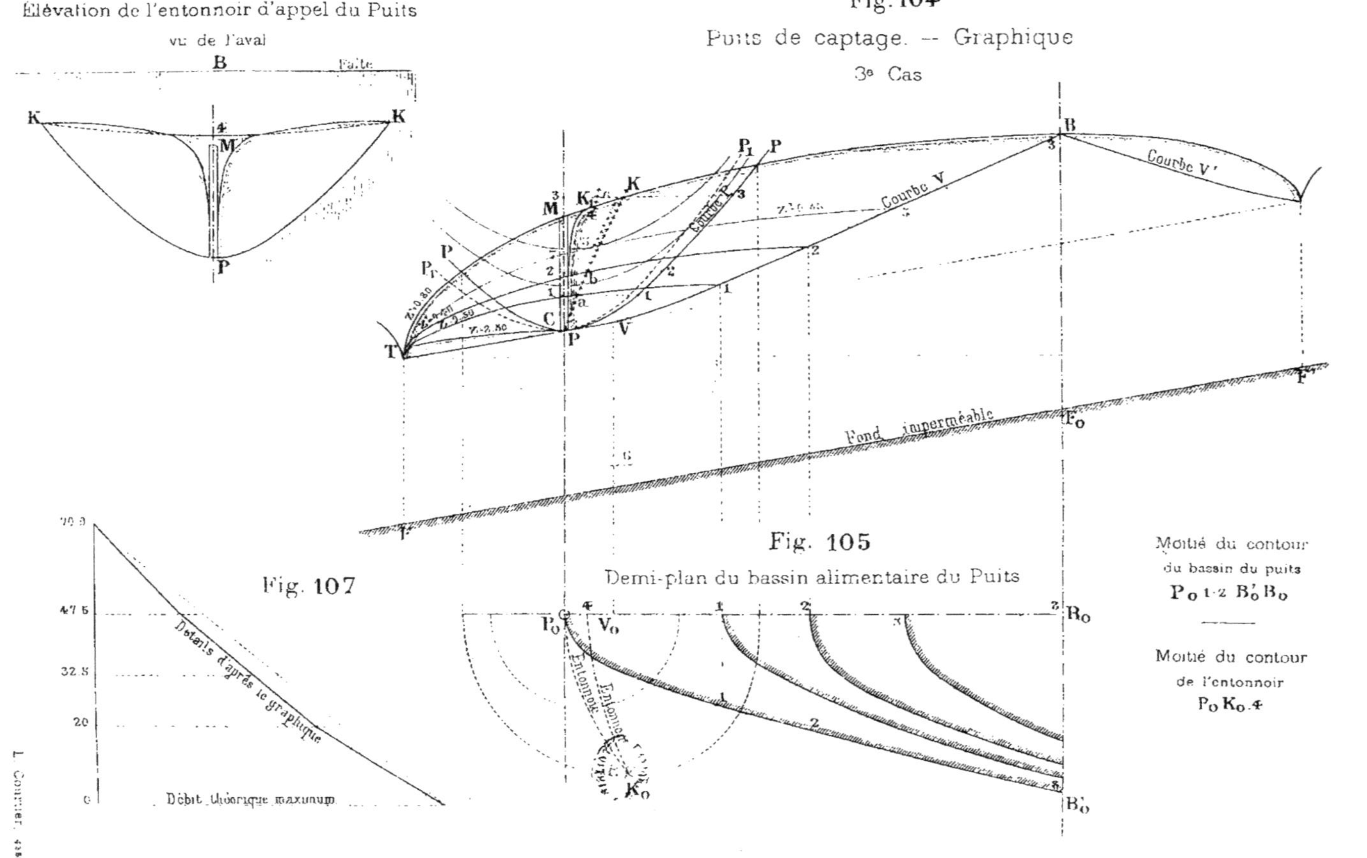

L. Courtier, 43837

ÉTUDES SUR LES SOURCES

Pl. XXXI

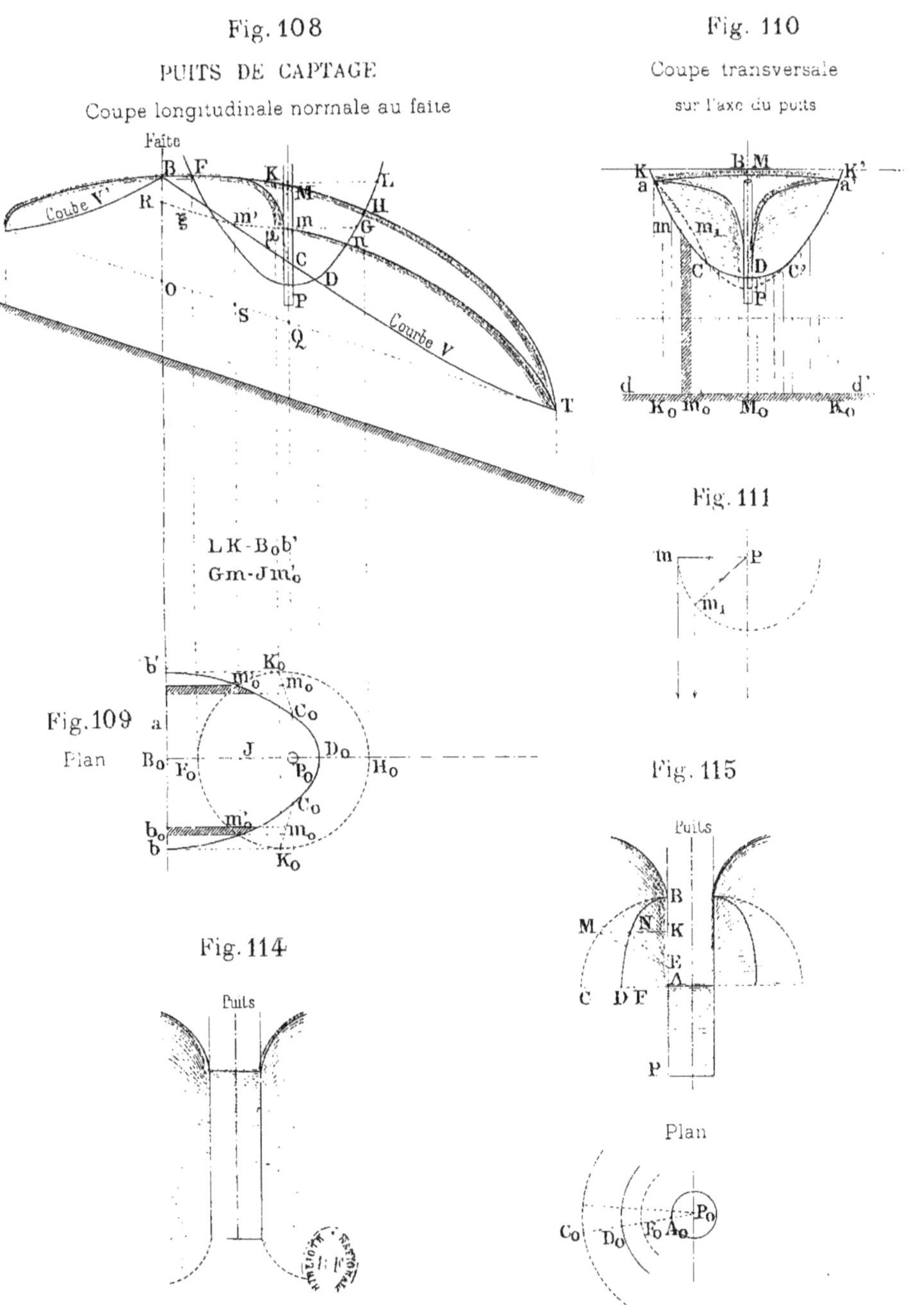

L. Courtier, sculpt.

Fig. 113. — PUITS DE CAPTAGE
Graphique général

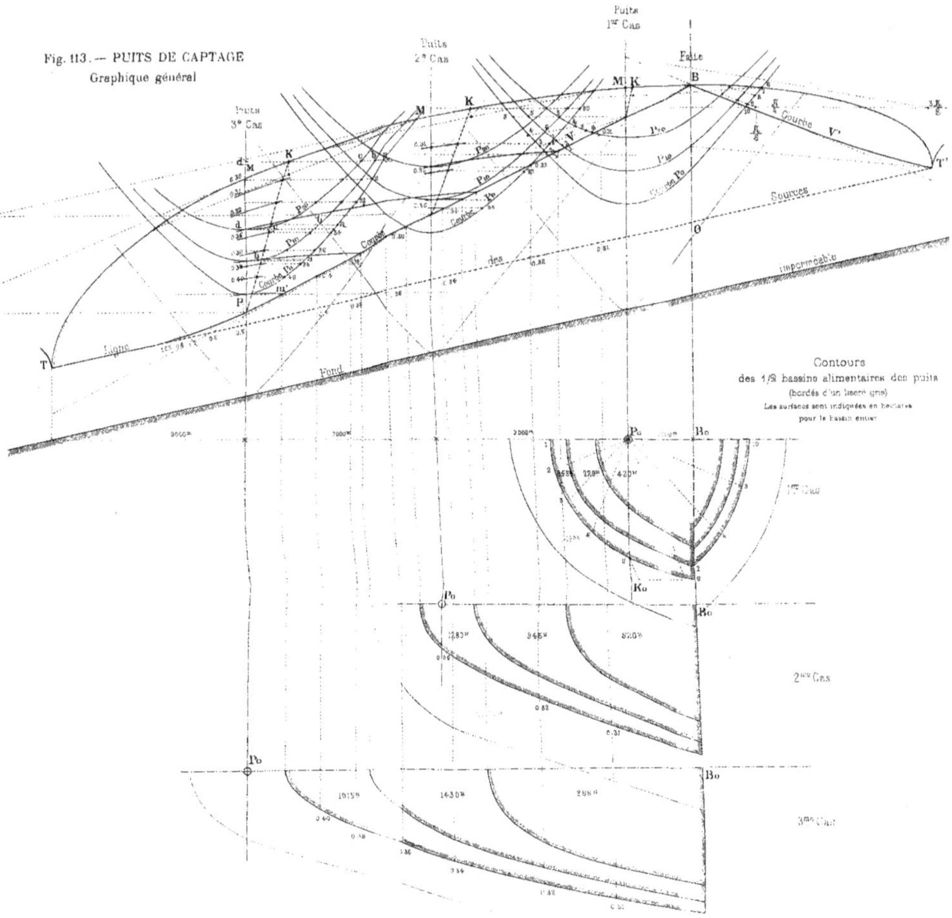

Puits 1er Cas — Puits 2e Cas — Puits 3e Cas

Contours
des 1/2 bassins alimentaires des puits
(bordés d'un liseré gris)
Les surfaces sont indiquées en hectares pour le bassin entier

1er Cas — 2ème Cas — 3ème Cas

Données du Graphique

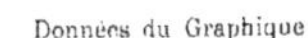

a Longueur du versant . . . 10000m
p Profondeur de la contrenappe . . . 22m
[illegible] Pente du fond . . . 0m0044[illegible]
δ Coefficient d'absorption . . . 0.0088
[illegible] = [illegible]
Nappe naturelle . . . [illegible] = 0.30
$\frac{m}{\mu} = \frac{1}{10000}$
Profondeur du puits . . . 35m
Pour chaque cas, on a supposé la contrecharge Y égale à 0, 10m, 20m

Échelles { horizontales [illegible]; verticales [illegible]

Fig. 113 a

Graphique des surfaces des ba[illegible] alimentaires du Puits aux différentes profond[illegible] d'épuisement
(Les surfaces se rapporte[illegible] bassin entier)

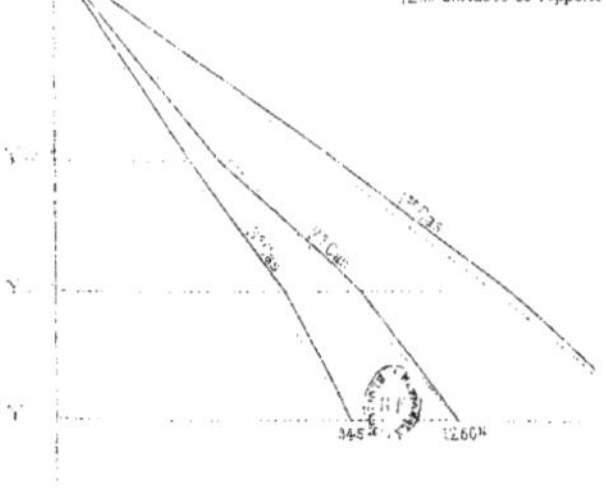

[illegible] Gortier, [illegible] rue de Dunkerque, Paris [illegible]

Fig. 116 — PUITS DE CAPTAGE
avec galerie au fond
Coupe

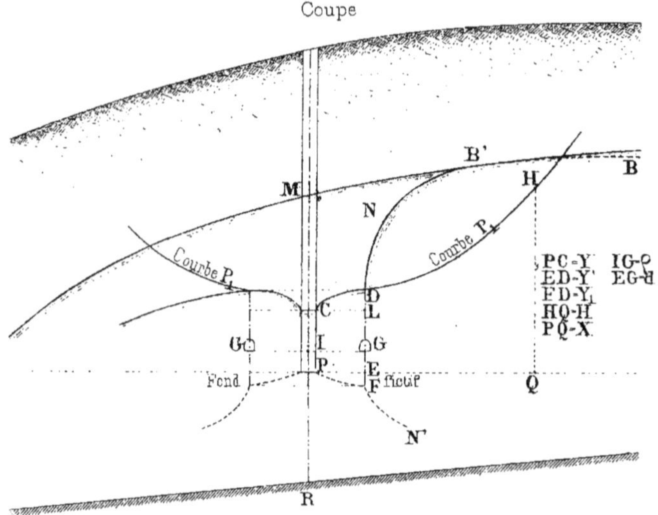

Fig.117 — PUITS DE CAPTAGE
avec galerie au fond
Coupe verticale

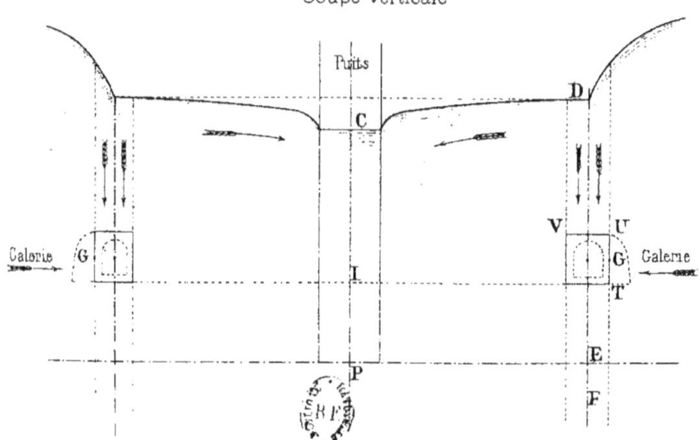

Fig. 116 — PUITS DE CAPTAGE
avec galerie au fond
Coupe

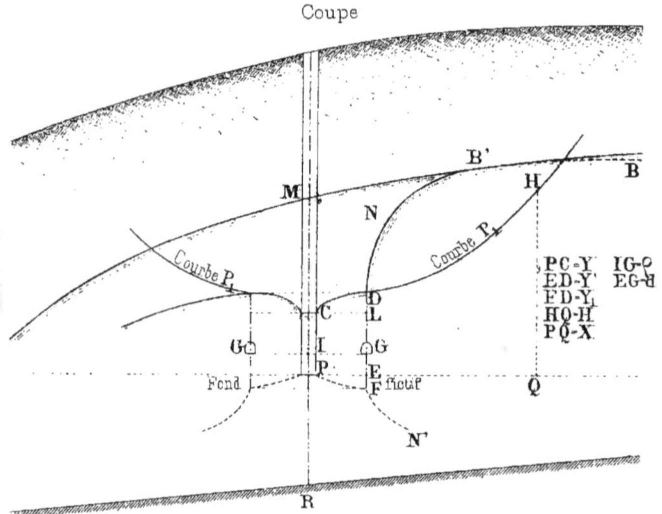

Fig.117 — PUITS DE CAPTAGE
avec galerie au fond
Coupe verticale

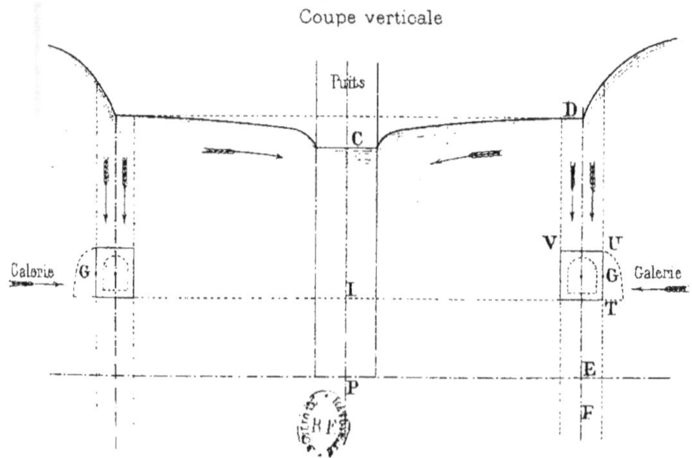

L. Courtier.

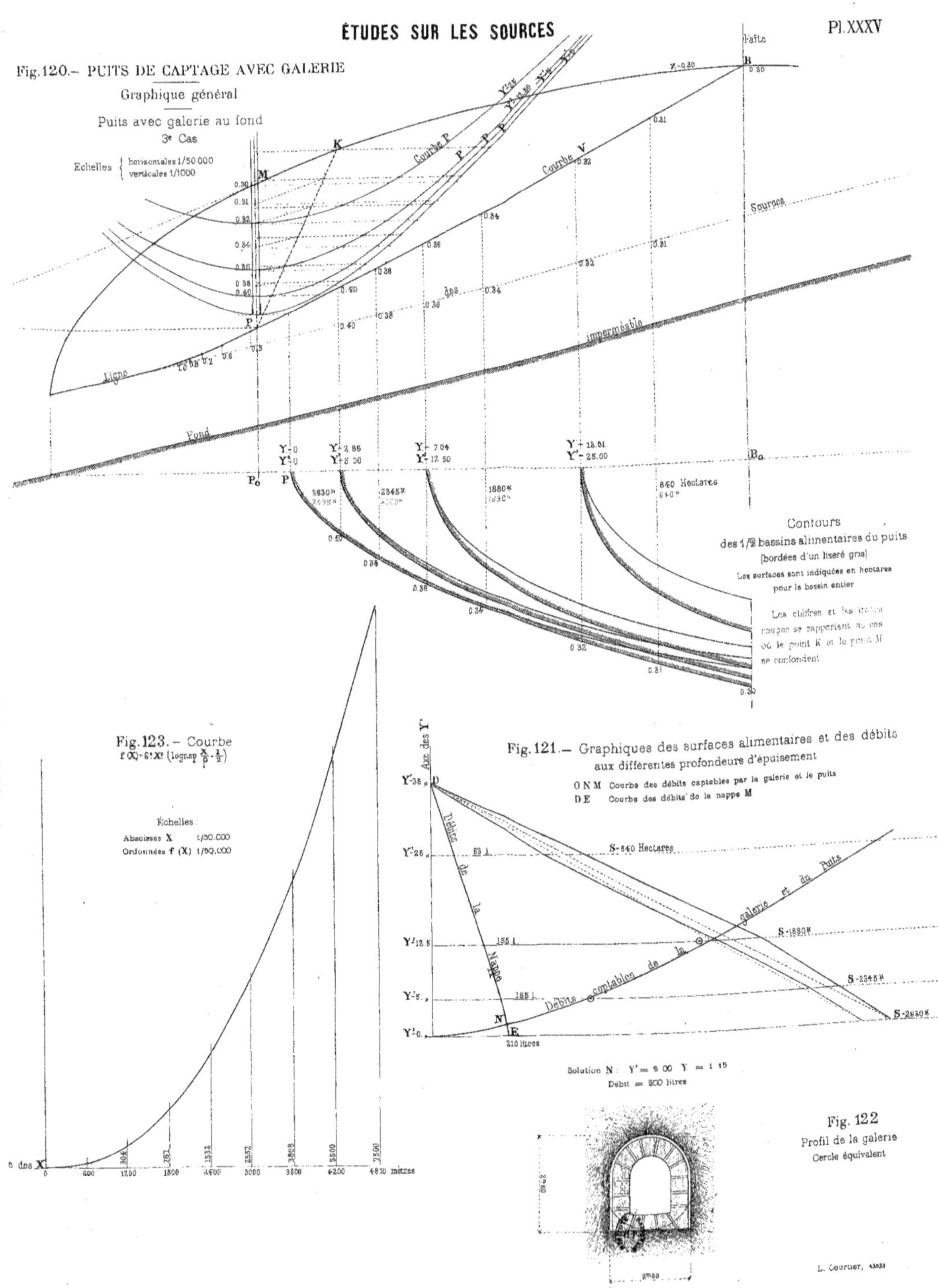
ÉTUDES SUR LES SOURCES
Pl. XXXV
Fig. 120. – PUITS DE CAPTAGE AVEC GALERIE
Graphique général
Puits avec galerie au fond
3e Cas
Echelles { horizontales 1/50 000 verticales 1/1000
Faîte
Courbe P
Courbe V
Sources
Ligne des
imperméable
Fond
Contours
des 1/2 bassins alimentaires du puits
(bordées d'un liseré gris)
Les surfaces sont indiquées en hectares pour le bassin entier
Les chiffres et les traits rouges se rapportent au cas où le point K et le point M se confondent
840 Hectares
Fig. 123. – Courbe
Échelles
Abscisses X 1/50.000
Ordonnées f (X) 1/50.000
mètres
Fig. 121. – Graphiques des surfaces alimentaires et des débits aux différentes profondeurs d'épuisement
O N M Courbe des débits captables par la galerie et le puits
D E Courbe des débits de la nappe M
Axe des Y'
Débits de la Nappe
Débits captables de la galerie et du Puits
S-840 Hectares
210 litres
Solution N : Y' = 9.00 Y = 1.15
Débit = 900 litres
Fig. 122
Profil de la galerie
Cercle équivalent
L. Courtier, 43533

Fig. 124
Dispositions de Galeries de fond

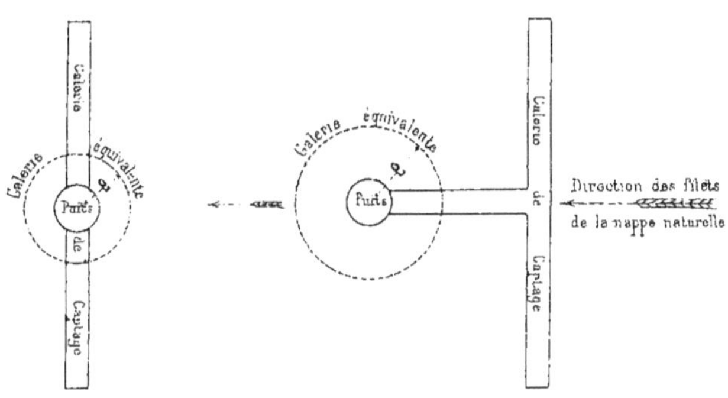

Fig. 127
Epuisement d'un puits

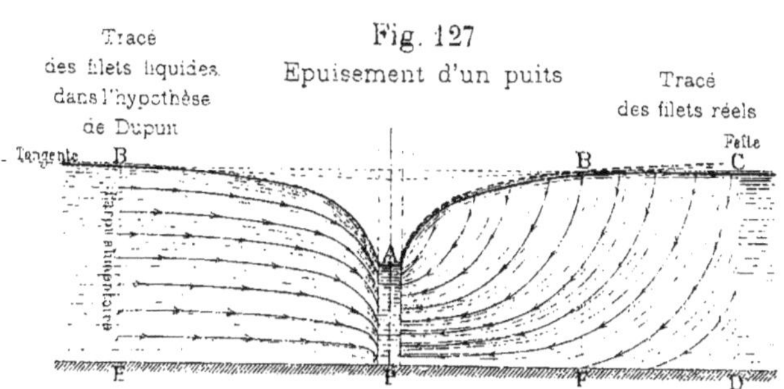

Fig. 128
Puits ordinaires dans diverses positions

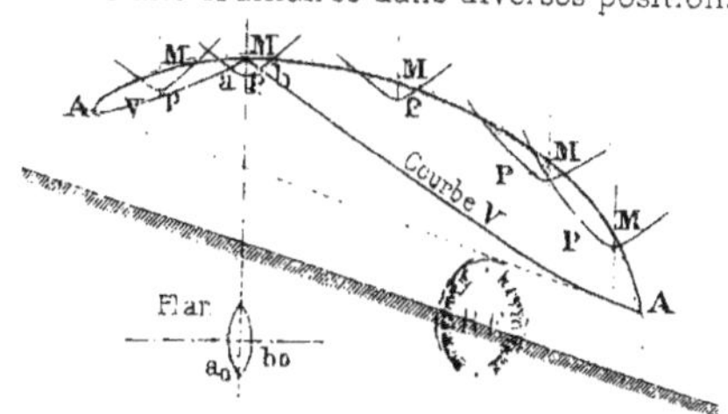

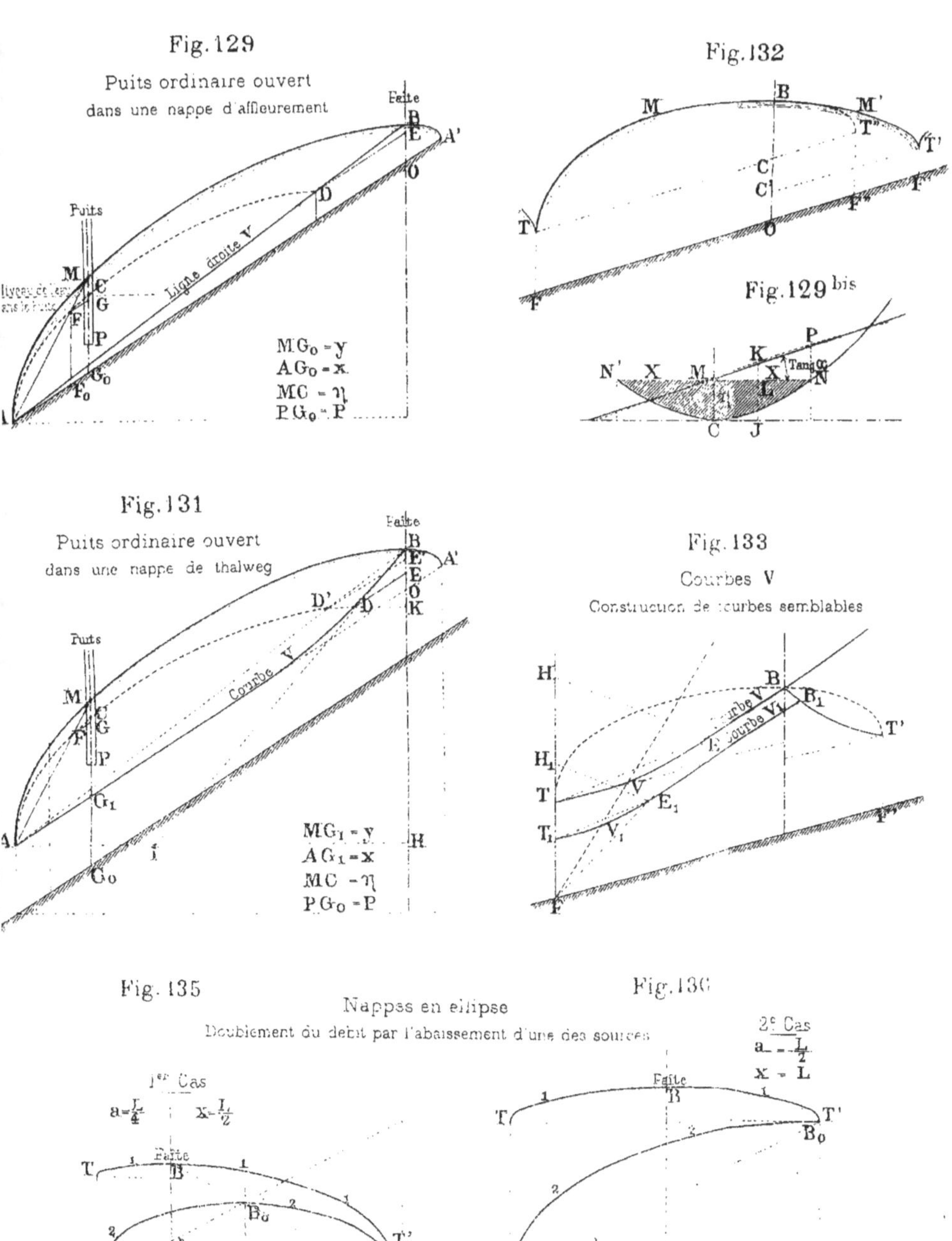
Fig. 129
Puits ordinaire ouvert
dans une nappe d'affleurement
Faîte
Puits
Ligne droite V
Niveau de l'eau dans le Puits
MG₀ = y
AG₀ = x
MC = η
PG₀ = P
Fig. 132
Fig. 129 bis
Tang α
Fig. 131
Puits ordinaire ouvert
dans une nappe de thalweg
Faîte
Puits
Courbe V
MG₁ = y
AG₁ = x
MC = η
PG₀ = P
Fig. 133
Courbes V
Construction de courbes semblables
Courbe V
Courbe V₁
Fig. 135
Fig. 136
Nappes en ellipse
Doublement du débit par l'abaissement d'une des sources
1er Cas
a = L/4
x = L/2
Faîte
2e Cas
a = L/2
x = L
Faîte
1 Nappe naturelle | 2 Nappe abaissée
Hauteur d'abaissement = T F

L. Courtier

ÉTUDES SUR LES SOURCES

Fig. 134

ABAISSEMENT OU EXHAUSSEMENT D'UNE SOURCE

Graphique

Échelles { Horizontales 1 : 1.500 / Hauteurs 1 : 150 }

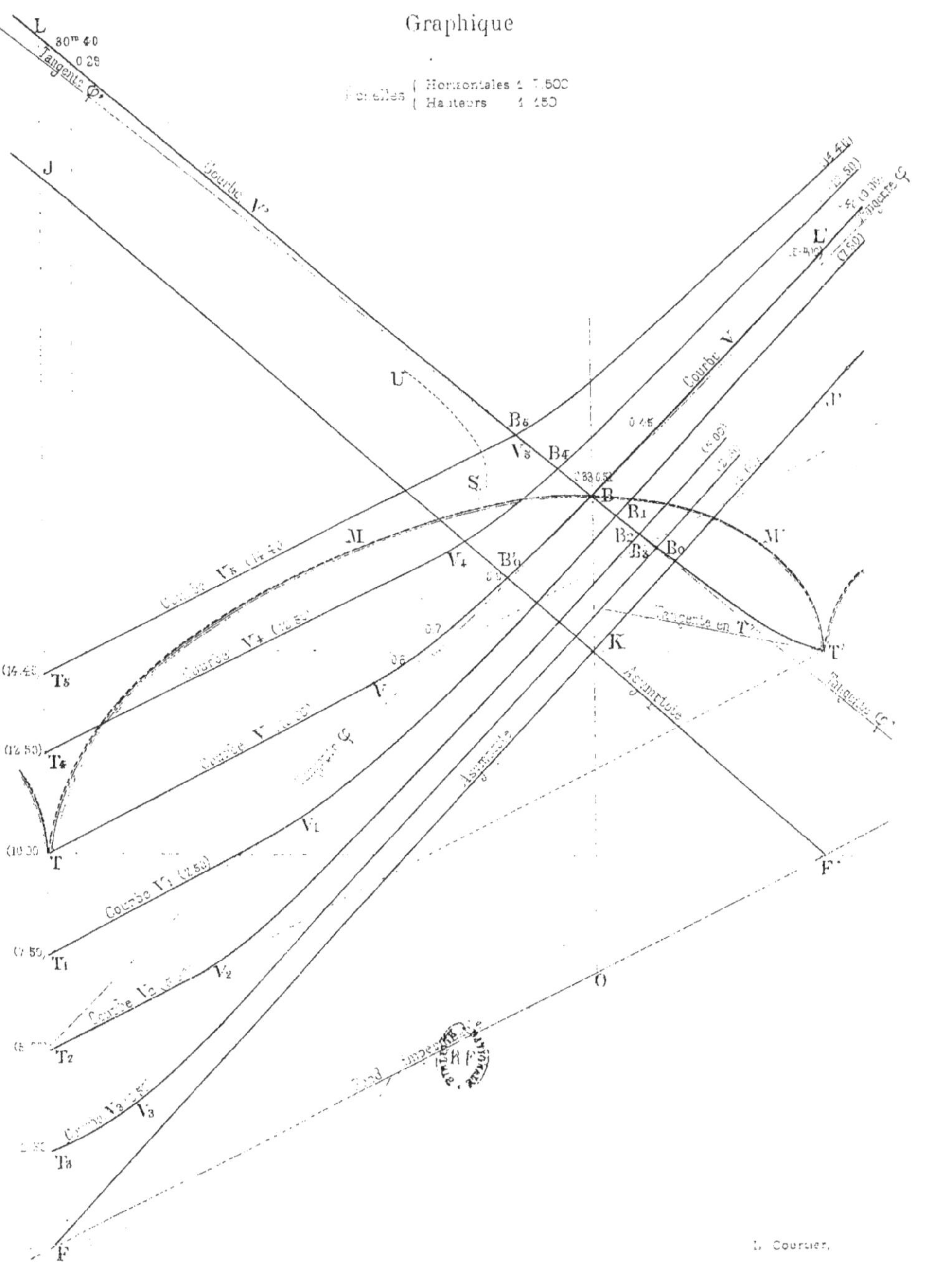

L. Courtier.

ÉTUDES SUR LES SOURCES

Fig. 137

Abaissement intermittent d'une source

Courbes des débits et des consommations

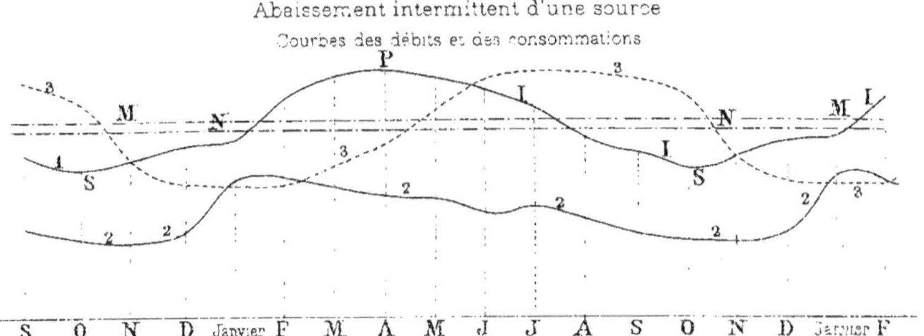

1 Courbe des débits moyens d'une source

2 Courbe des débits de grande sécheresse

3 Courbe des débits nécessaires pour la consommation

M M Débit moyen de la source, 190 litres

N N Débit moyen de la consommation, 150 litres

Détermination du niveau d'abaissement intermittent d'une source

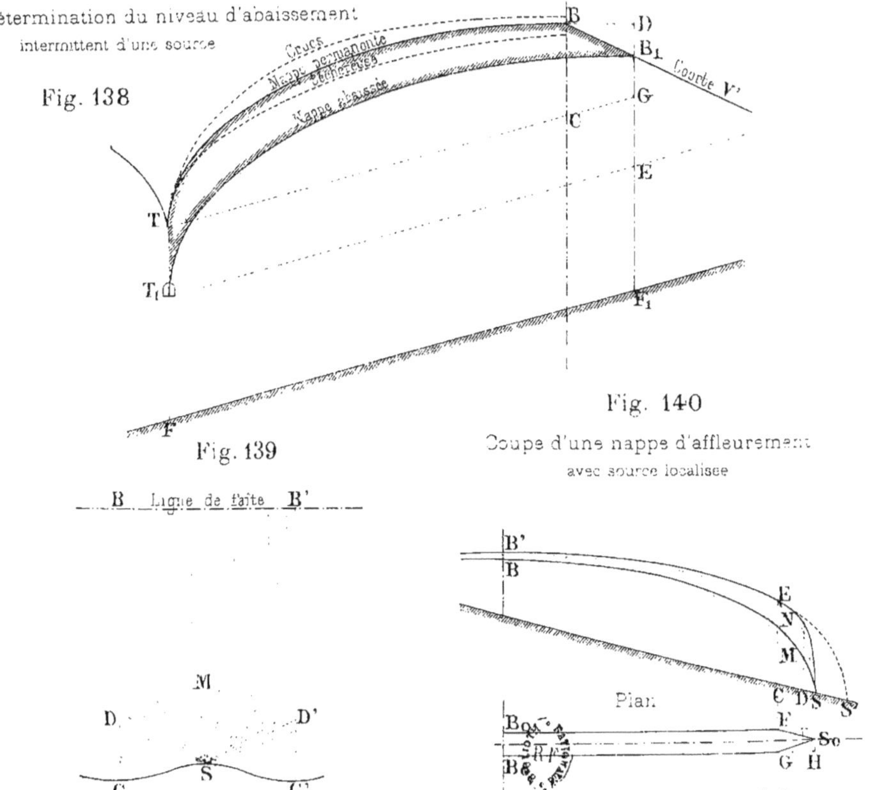

Fig. 138

Fig. 139

Fig. 140

Coupe d'une nappe d'affleurement avec source localisée

L. Courtier, 43541

ÉTUDES SUR LES SOURCES

Fig. 141

Source d'affleurement

Amélioration par exhaussement en amont de la source

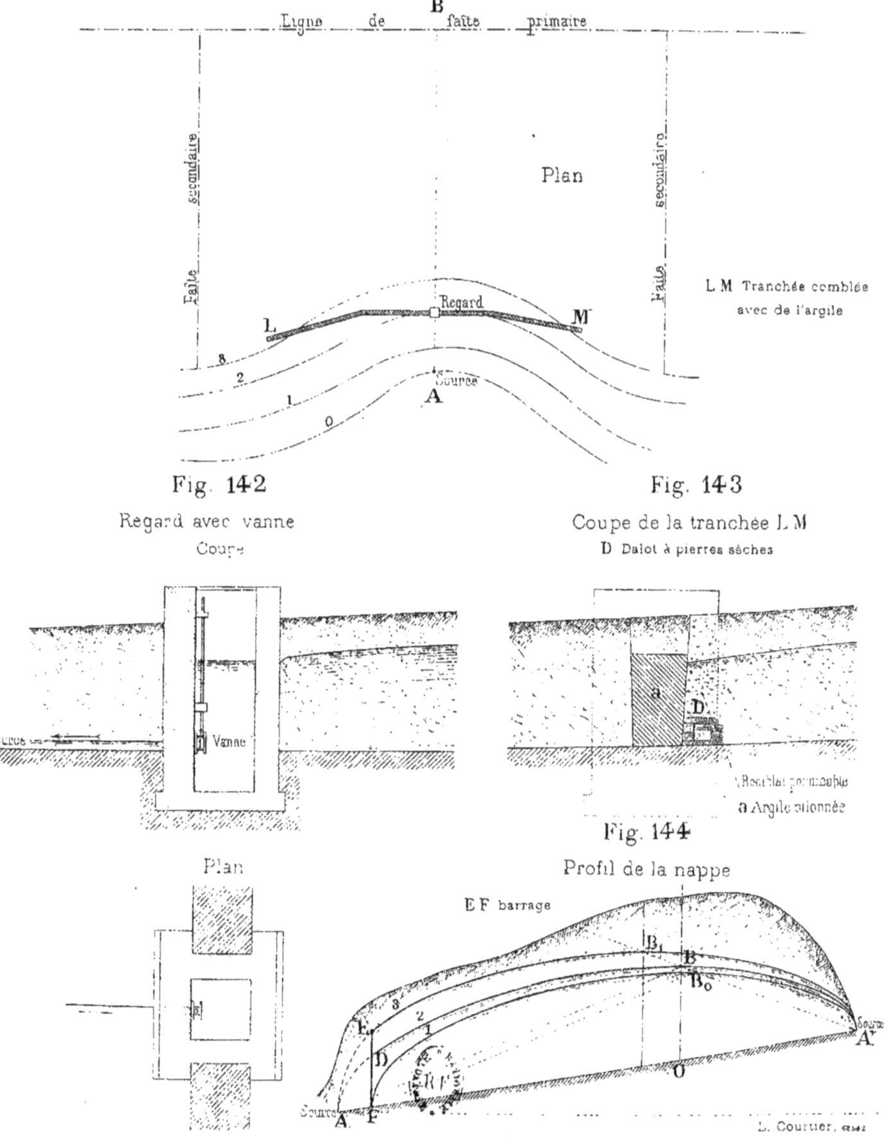

Fig. 142

Regard avec vanne

Coupe

Fig. 143

Coupe de la tranchée L.M

D Dalot à pierres sèches

Fig. 144

Profil de la nappe

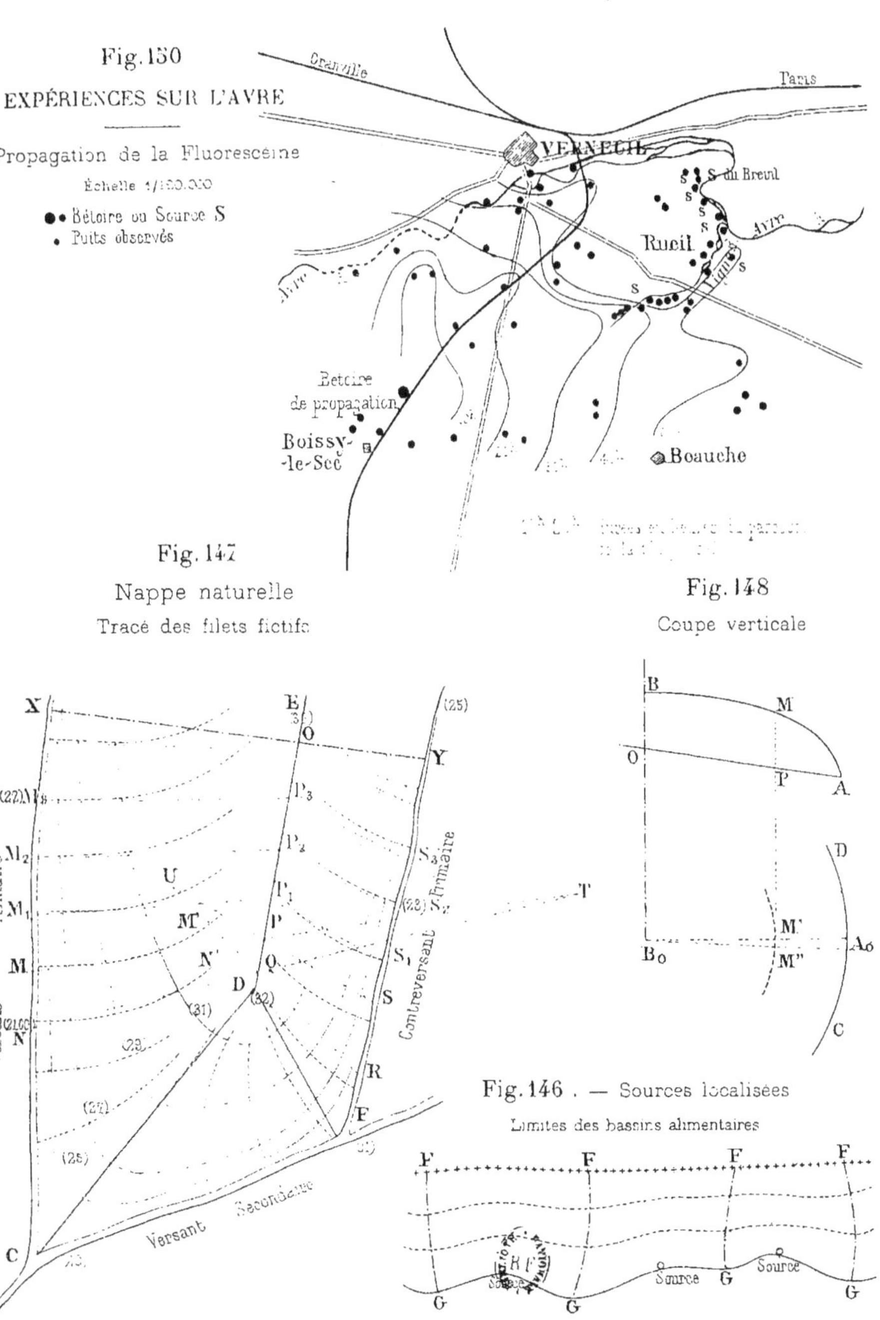

L. Courtier, Paris

ÉTUDES SUR LES SOURCES

Fig. 145

Source de thalweg

Amélioration par abaissement sous le thalweg

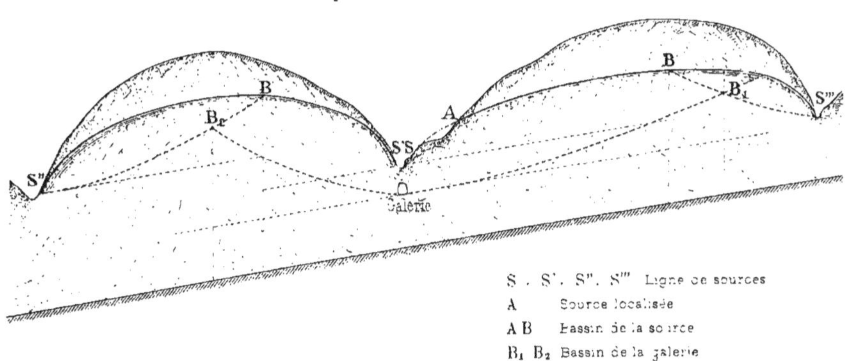

S . S'. S". S''' Ligne de sources
A Source localisée
A B Bassin de la source
B_1 B_2 Bassin de la galerie

Fig. 151. — Eaux de Dijon, Darcy

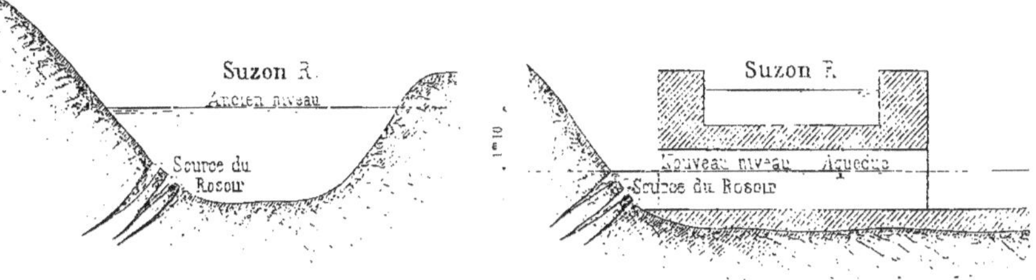

Fig. 152

Amélioration du régime des sources de thalweg par abaissement du niveau

Déviation du cours d'eau

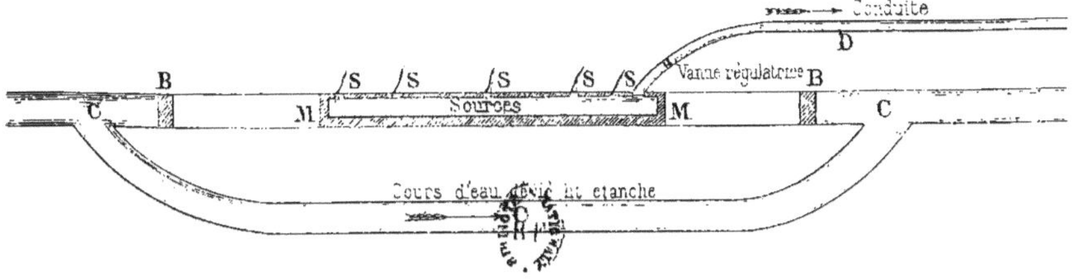

L. Courtier 65643

Fig. 149. — AIN

Lignes de niveau de la nappe des puits profonds dans les Dombes

Échelle 1/400.000

Extrait de la Carte des Sources et Puits

L. Courtier, Paris

ÉTUDES SUR LES SOURCES

Fig. 153

Coupe géologique d'une vallée granitique

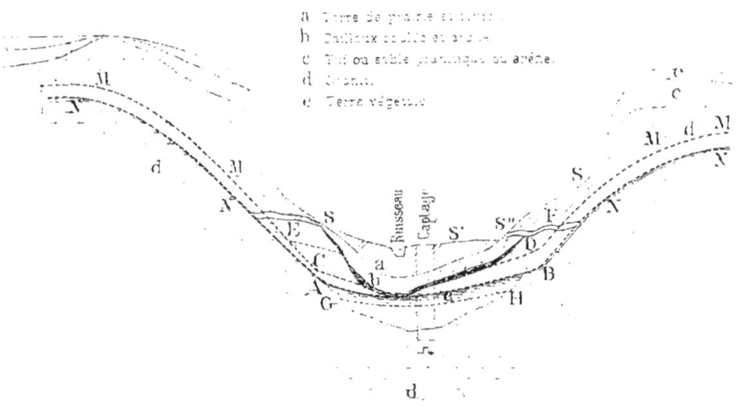

Fig. 162

CAPTAGES DE RENNES

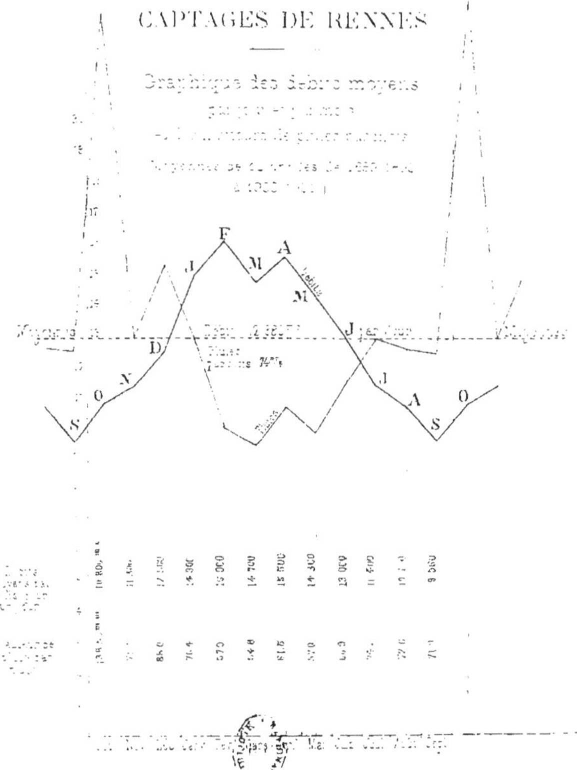

CAPTAGES EN TERRAINS GRANITIQUES. — Types d'aqueducs

Échelle de 0.0133 p. mètre

LÉGENDE

1. - Terre de prairie et tourbe
2. - Cailloux roulés et argile
3. - Tuf granitique
4. - Granite
5. - Maçonnerie de pierres sèches
6. - Remblai en sable et gravier
7. - Remblai en mousse
8. - Remblai avec les matériaux de la fouille
9. - Maçonnerie de béton de ciment
10. - Chape en ciment
11. - Maçonnerie de moellons avec ciment
12. - Remplissage en éclats de pierres
13. - Remblai en sable de mer

Fig. 154 - Limoges. Fig. 155 - Rennes (primitif) Fig. 156 - Fougères Fig. 157 - Vitré

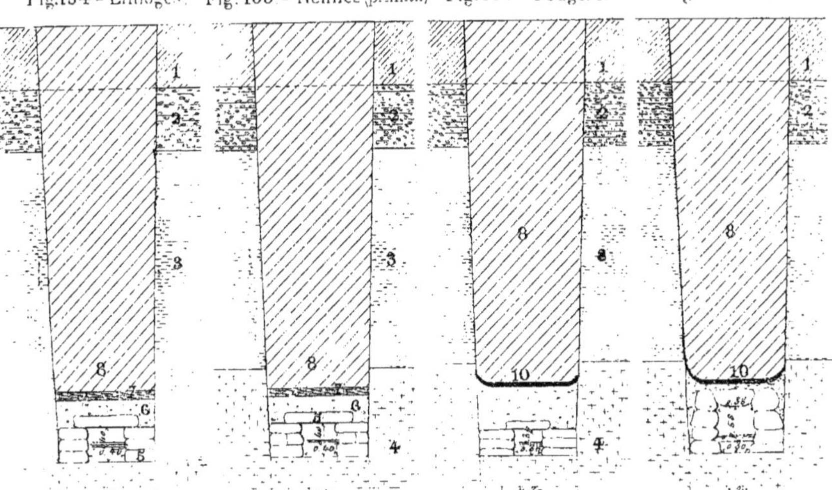

Fig. 158 - Rennes (transformé)

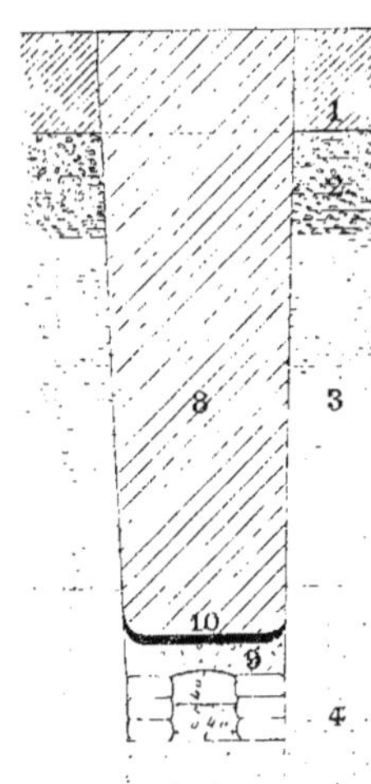

Fig. 159 - Lorient

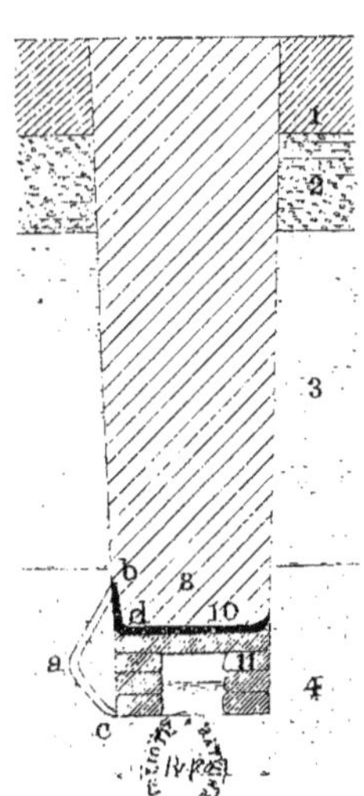

Fig. 160 - Quimper

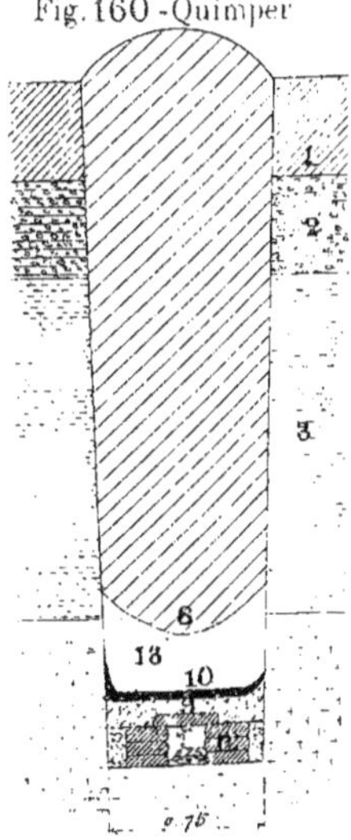

L. Courtier.

L. Courtier, Paris

Fig. 161

CAPTAGES DE LA VILLE DE RENNES

Plan général

Échelle 1/160 000

L. Courtier.

ÉTUDES SUR LES SOURCES

Pl. XLVII

Fig. 163. — CAPTAGES DE RENNES

Graphique des valeurs de α en supposant $\beta = 370$

○ Points d'anomalies

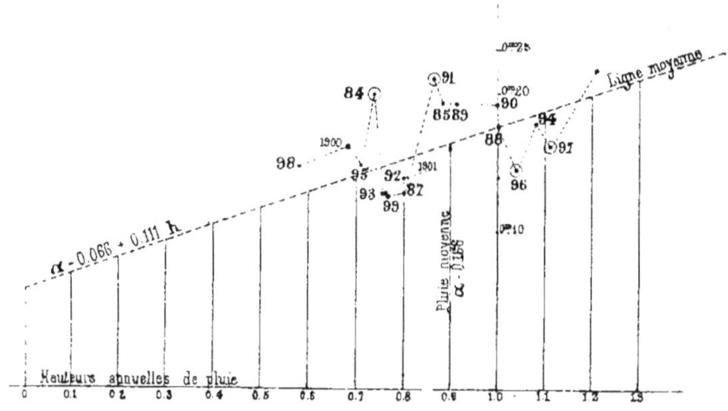

Fig. 165

Calcul de $(1 + K)\,\alpha$

Méthode du point d'inflexion

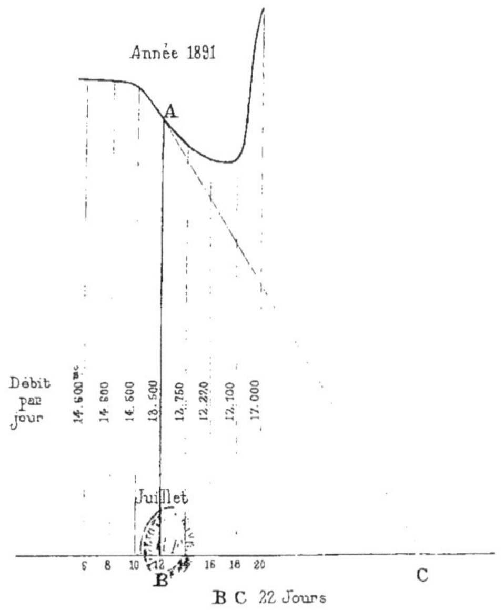

L. Courtier.

ÉTUDES SUR LES SOURCES

Fig. 164

CAPTAGES EN TERRAIN GRANITIQUE
(Eaux de Rennes)

Profil théorique moyen d'une vallée

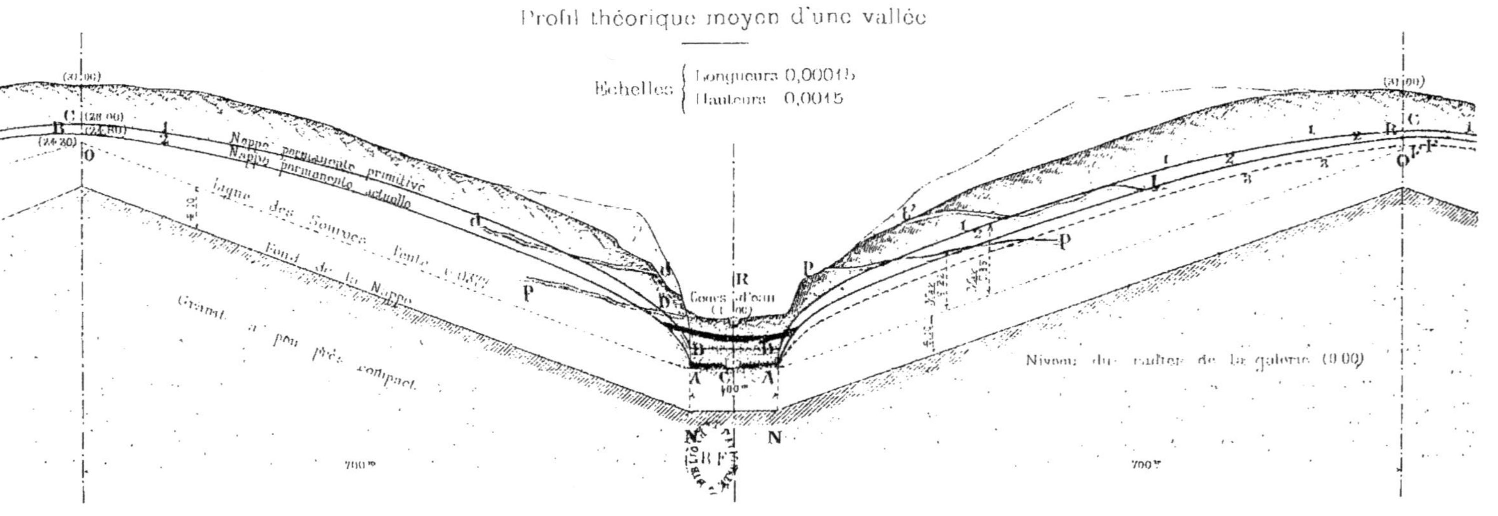

1,1 Nappe permanente primitive

2,2 Nappe permanente actuelle

3,3 Nappe actuelle à la fin de l'été

G Galerie ou drain

OF Prolongement virtuel de la nappe primitive

OE id. id. actuelle

dd Source ancienne disparue

pp Sources pérennes

tt Sources temporaires qui tarissent en été

L. Court

ÉTUDES SUR LES SOURCES

CAPTAGES DE RENNES

Fig. 166 — Regards avec vannes d'arrêt
Coupe en long

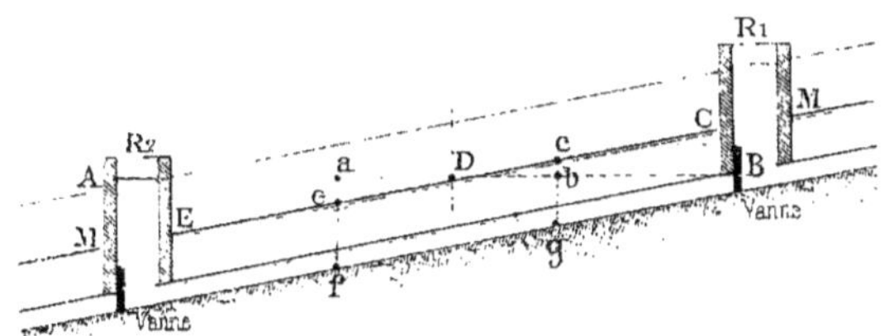

Fig. 167 — Plan de la vallée

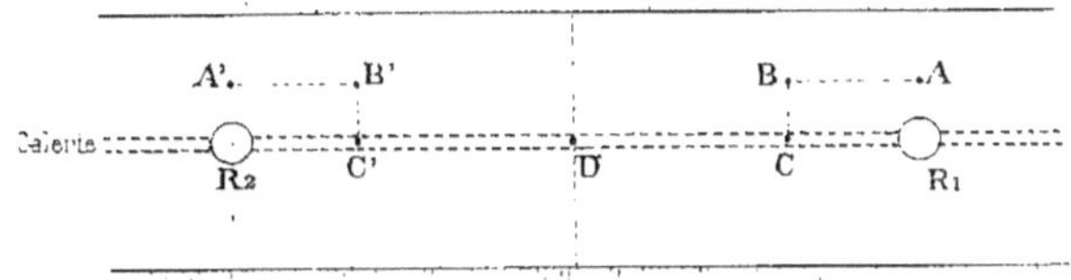

Fig. 168 — Barrages formant rétrécissements
Plan

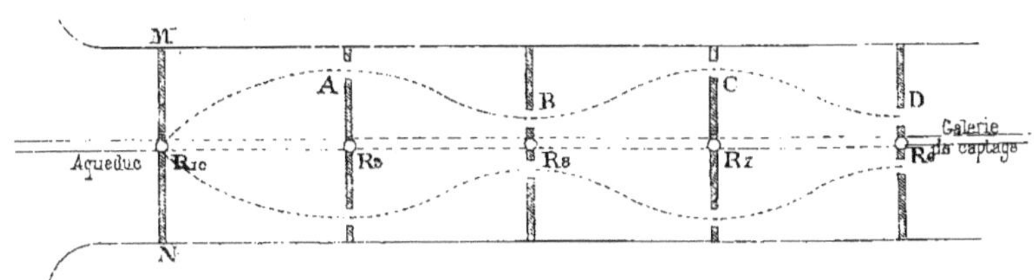

Fig. 169 — Coupe sur la galerie de captage
Régime d'hiver

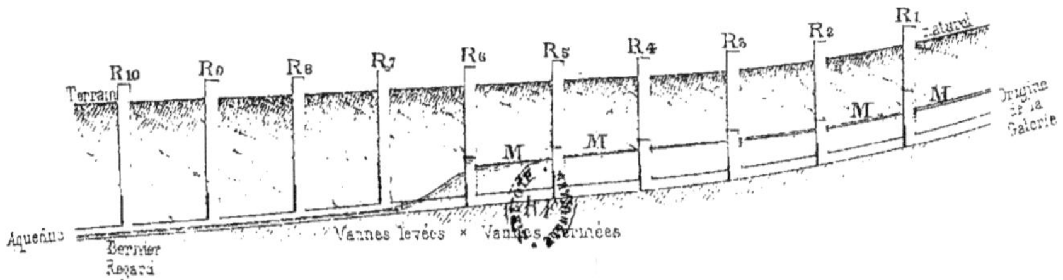

L. Courtier.

ÉTUDES SUR LES SOURCES

Fig. 170. — PLAN SYPNOTIQUE DES ENVIRONS DE BRUXELLES
Aqueducs et galeries de captage

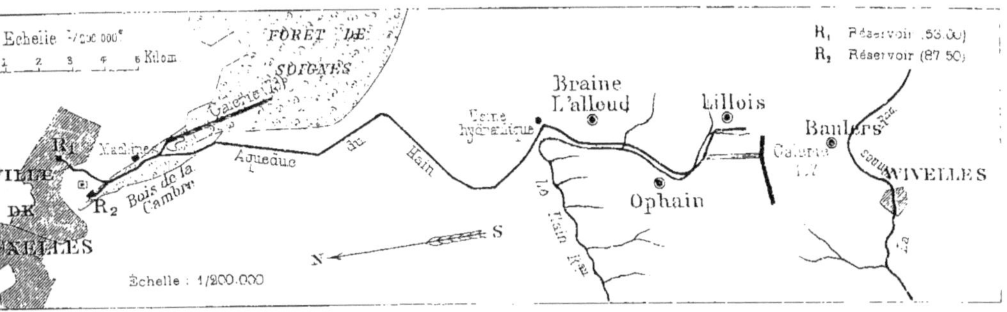

Fig. 172. — EAUX DE BRUXELLES — BASSIN DU HAIN
Coupe sur XYZ du plan

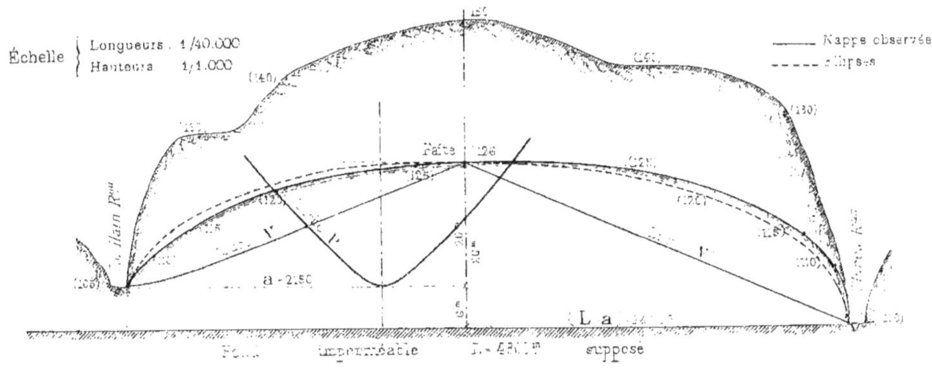

Fig. 172 bis

Fig. 173. — Graphique des largeurs du bassin alimentaire de la galerie de captage du Hain, LKM du plan.

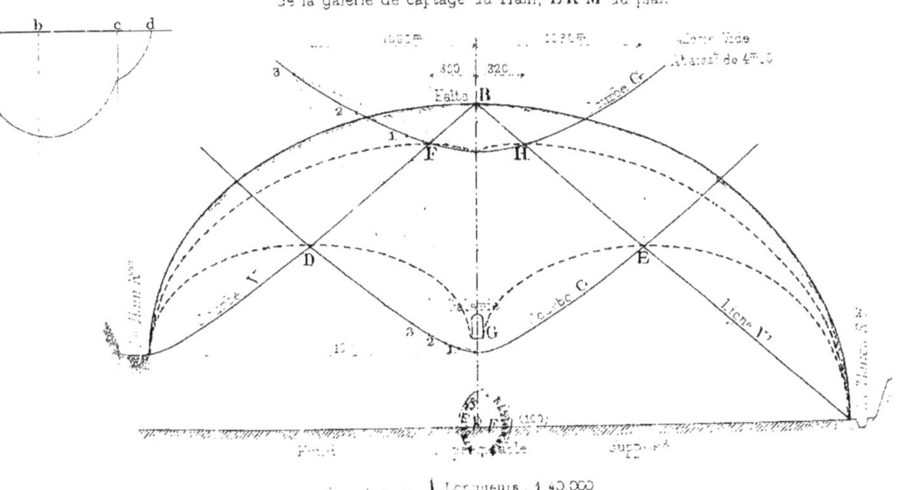

ÉTUDES SUR LES SOURCES

Fig. 171. — EAUX DE BRUXELLES. — PLAN GÉNÉRAL DU BASSIN DU HAIN ET DES GALERIES DE CAPTAGE

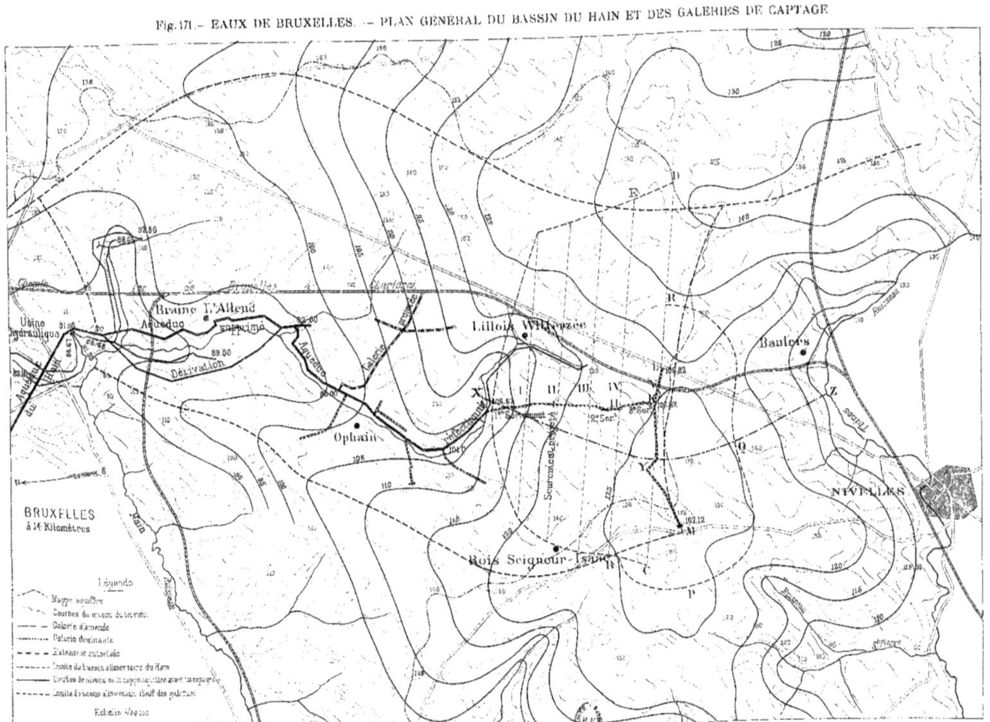

ÉTUDES SUR LES SOURCES

Fig. 174. — EAUX DE BRUXELLES. — GALERIE DE LA FORET DE SOIGNES

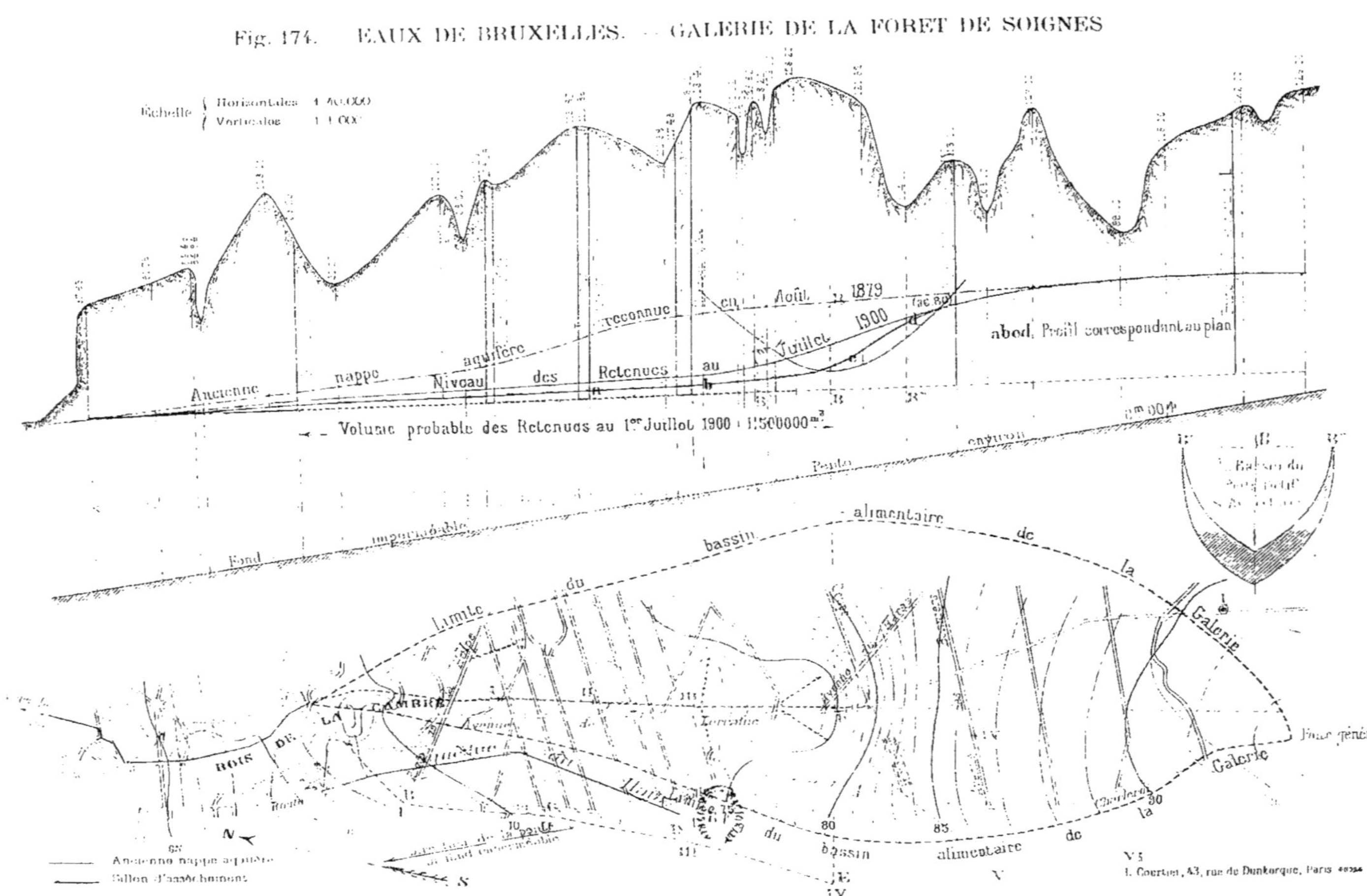

I. Courtier, 43, rue de Dunkerque, Paris

ÉTUDES SUR LES SOURCES

Fig. 176. - EAUX DE BRUXELLES. - GALERIE DE LA FORÊT DE SOIGNES

Recherche du contour fictif du bassin alimentaire

(Côté gauche de la galerie)

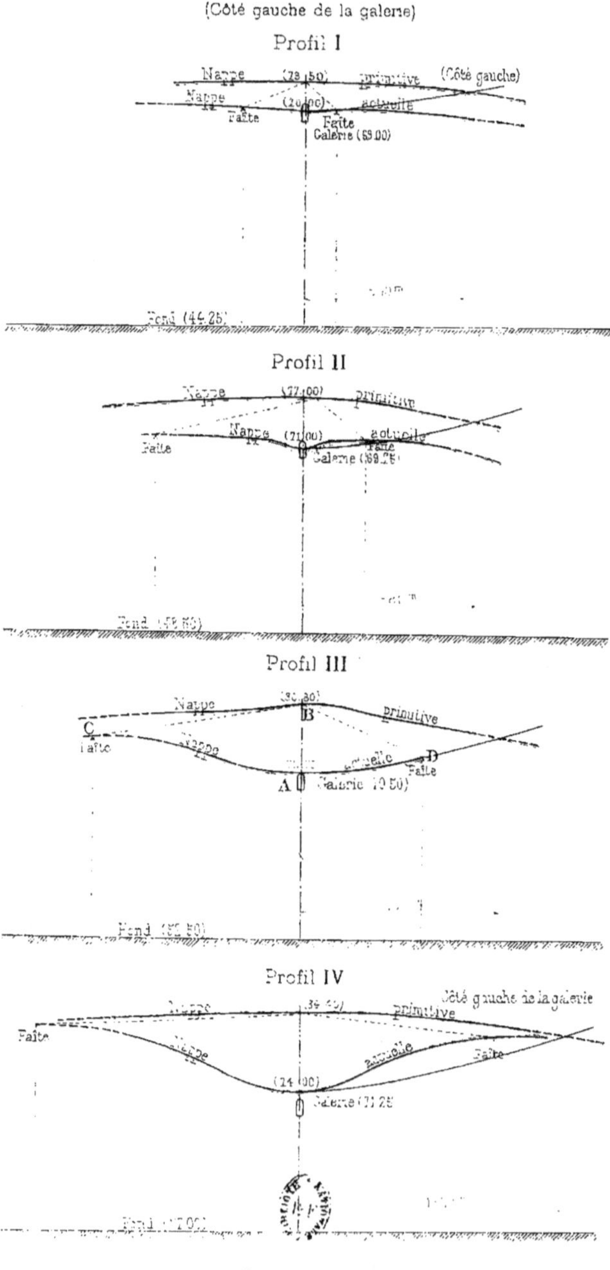

Fig. 177. — EAUX DE BRUXELLES
Coupe sur la galerie du Hain

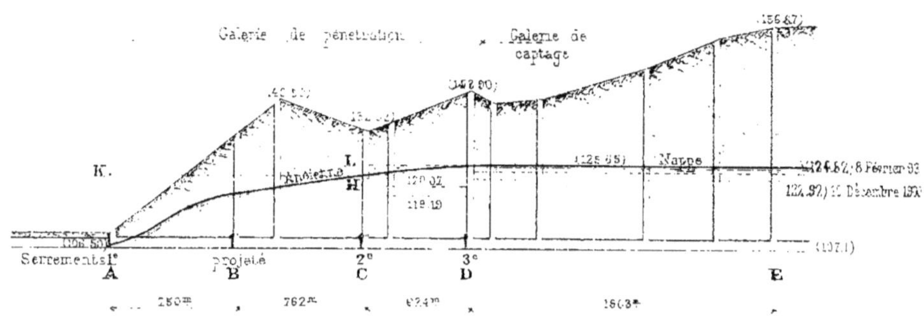

Fig. 178. - EAUX DE BRUXELLES. - GALERIE DU HAIN
Recherche du contour du bassin alimentaire fictif de la galerie

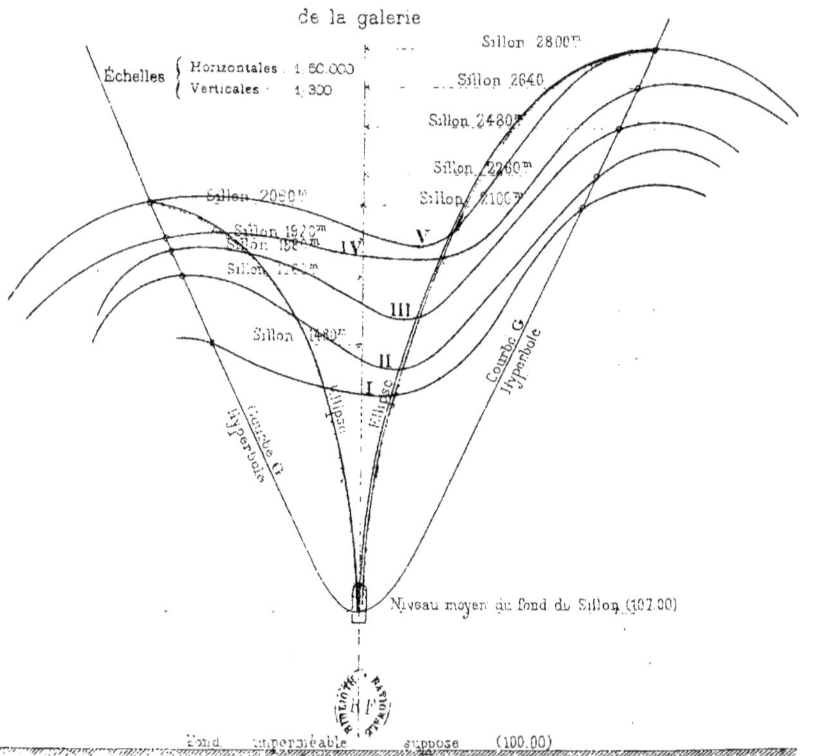

L. Courtier, graveur

Fig. 179. — EAUX DE LIÈGE. — PLAN GÉNÉRAL

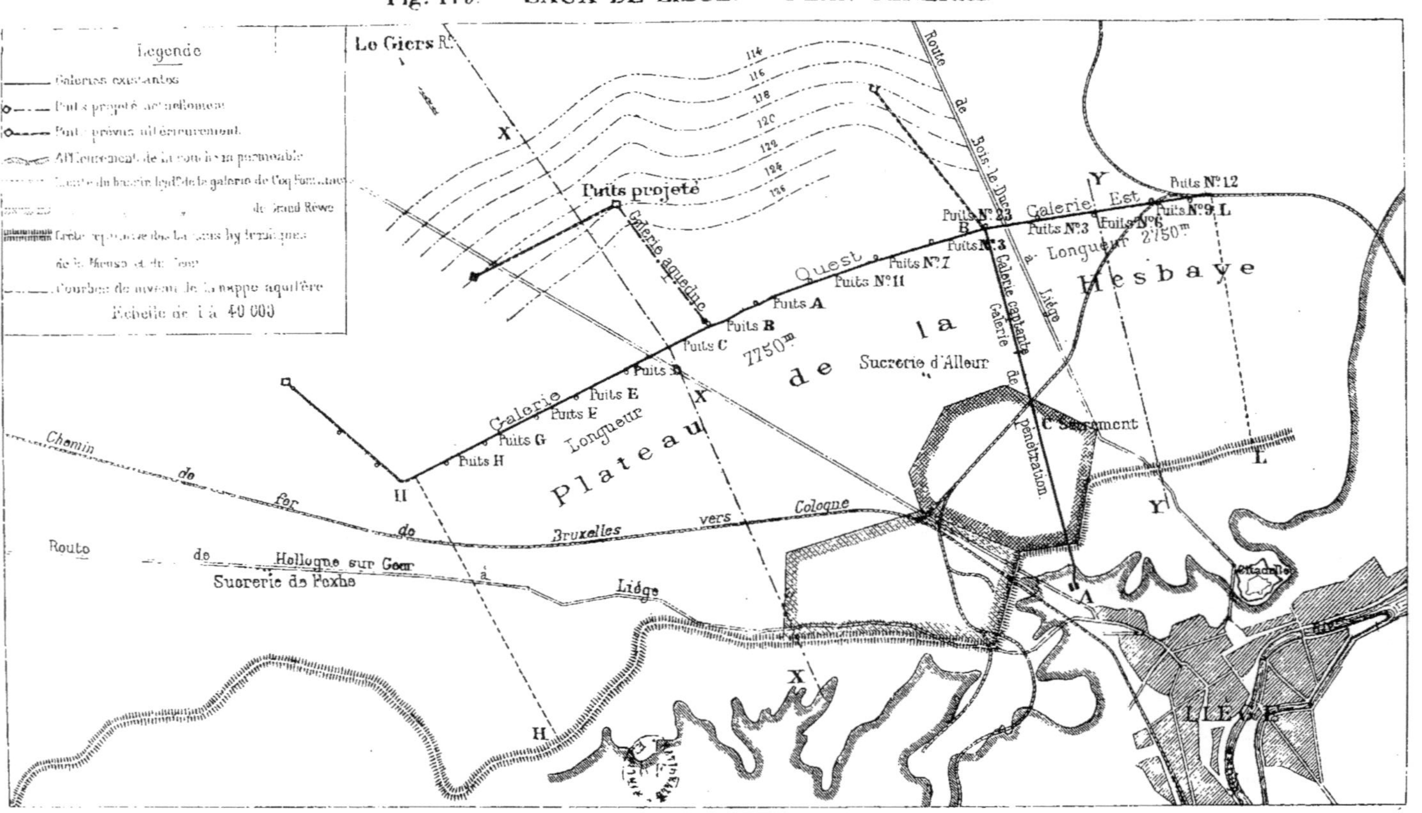

L. Courtier, 42016

Fig. 180. — EAUX DE LIÈGE

Coupe sur la galerie principale ou de pénétration

Échelles (Fig. 180 et 181) { Longueurs : 1/80.000 ; Hauteurs : 1/2.000 }

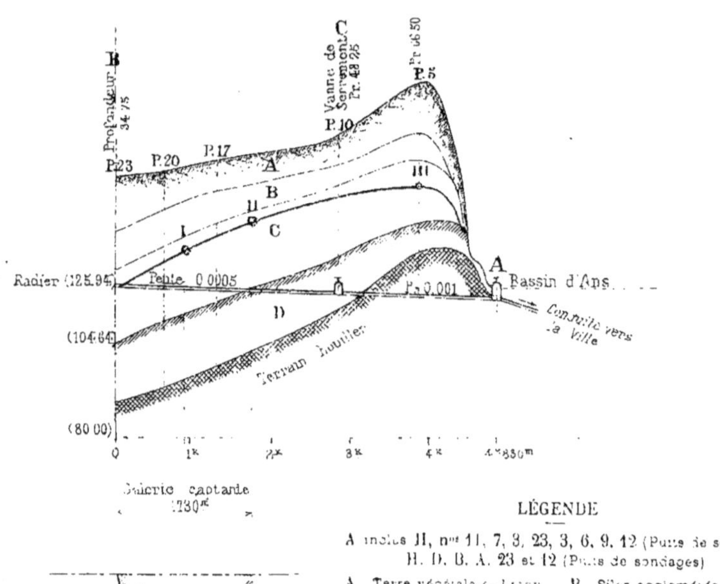

LÉGENDE

A inclus H, nos 11, 7, 3, 23, 3, 6, 9, 12 (Puits de service)
H, D, B, A, 23 et 12 (Puits de sondages)

A	Terre végétale ou Limon hesbayen	B	Silex agglomérés
a	Sable tongrien	C	Craie blanche
		D	Argile hervienne

Fig. 181. — EAUX DE LIÈGE

Profil des galeries de captage

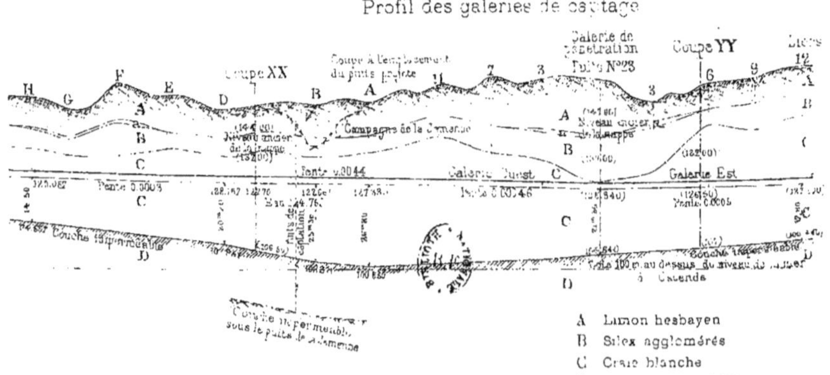

A Limon hesbayen
B Silex agglomérés
C Craie blanche
D Argile imperméable

L. Courtier, sc.

ÉTUDES SUR LES SOURCES

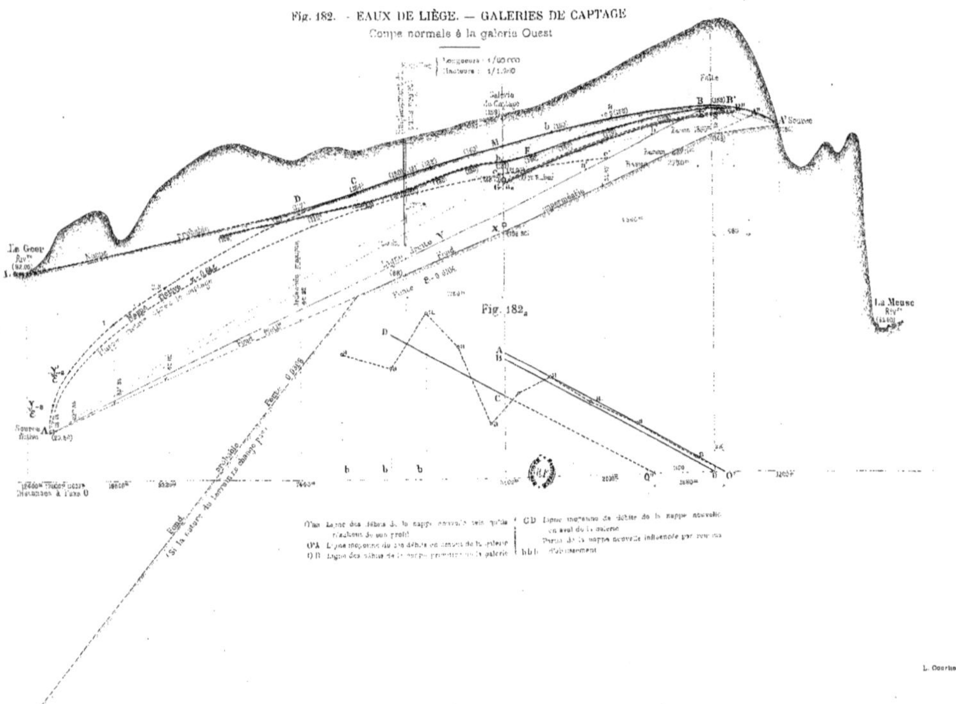

L. Courtier, sculpt.

Fig 183. — EAUX DE LIÈGE — GALERIE DE L'EST

Recherche de la largeur du bassin alimentaire

Echelles { Longueurs : 1/100.000
Hauteurs : 1/2.000

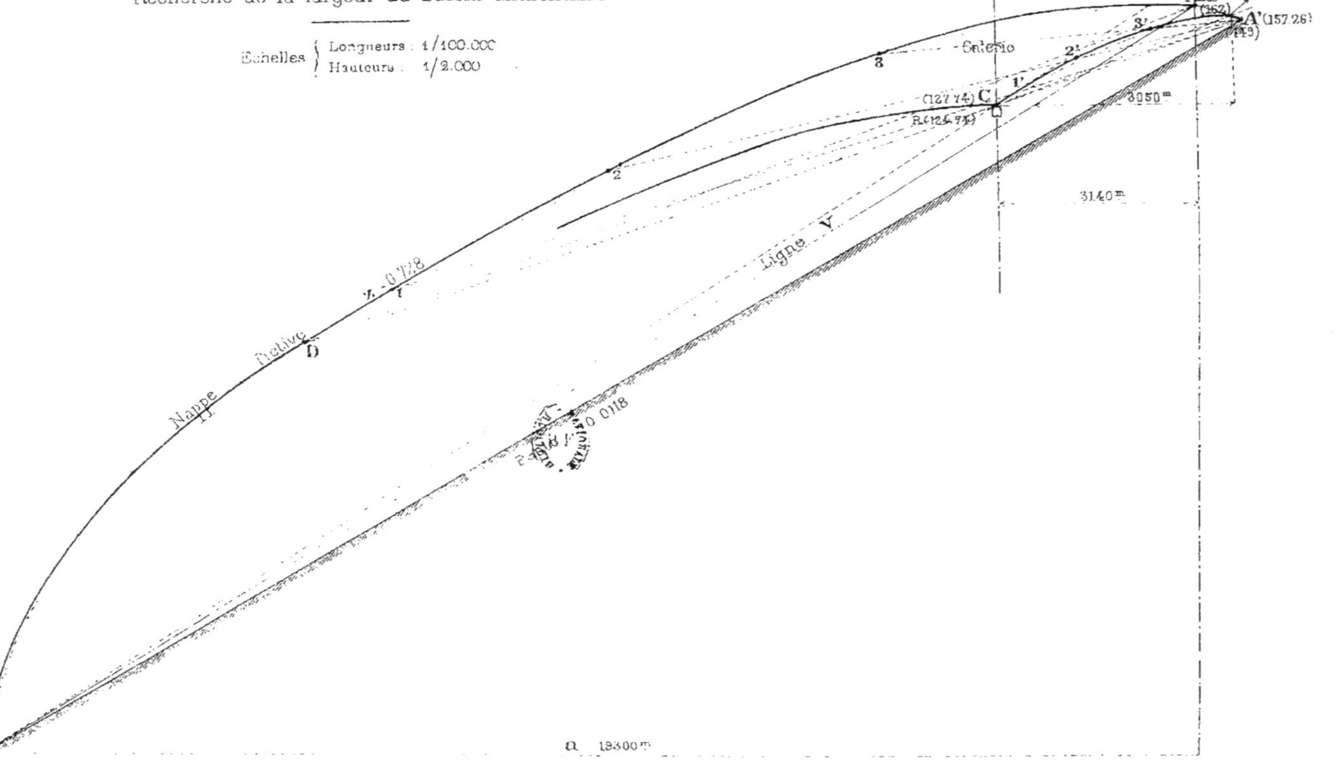

L. Courtier, 47018

Fig. 184. — EAUX DE LIÈGE

Coupe sur les galeries (Niveau 1,80)

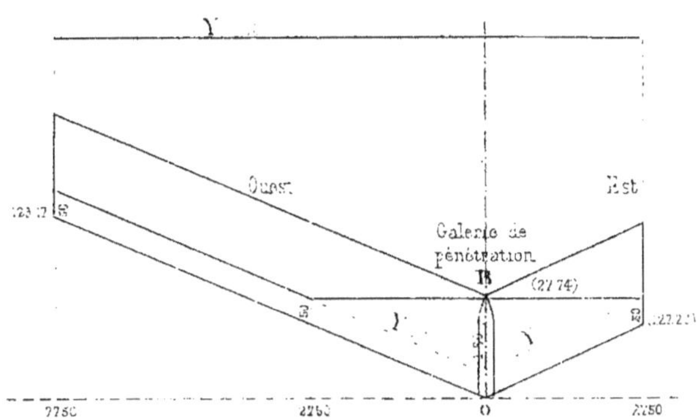

Fig. 185. — EAUX DE LIÈGE

Tracé théorique des nappes dans le voisinage de la galerie

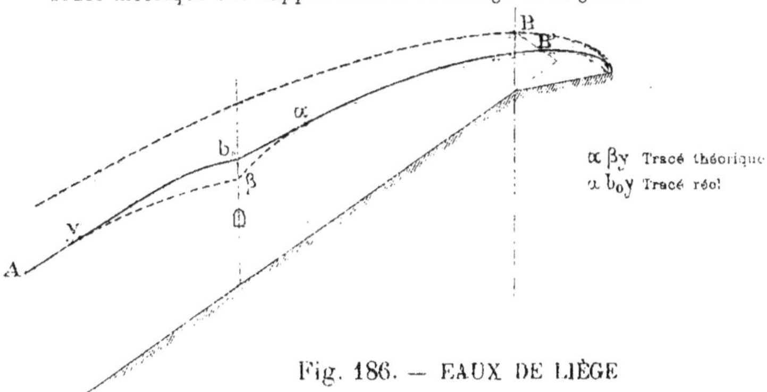

Fig. 186. — EAUX DE LIÈGE

Débits par jour et niveaux de la réserve de 1890 à 1897

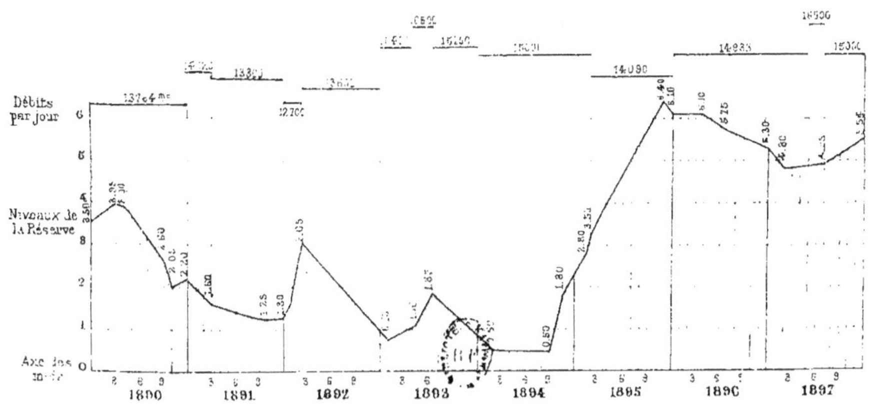

Fig. 187. — EAUX DE LIÈGE. — GRAPHIQUE DU PUITS PROJETÉ

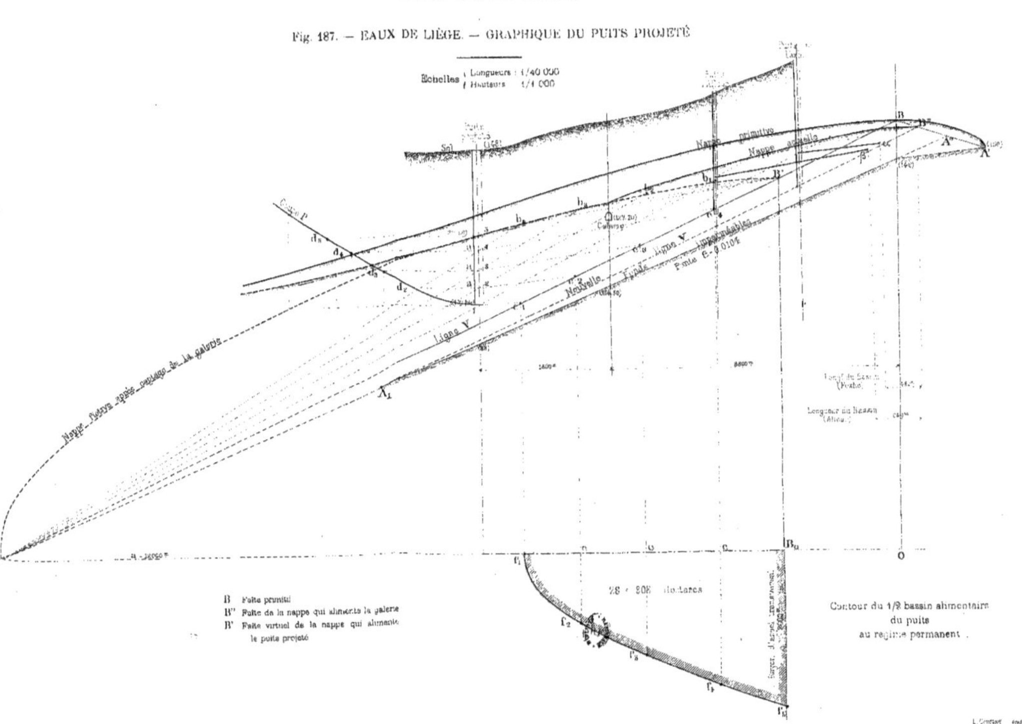

ÉTUDES SUR LES SOURCES

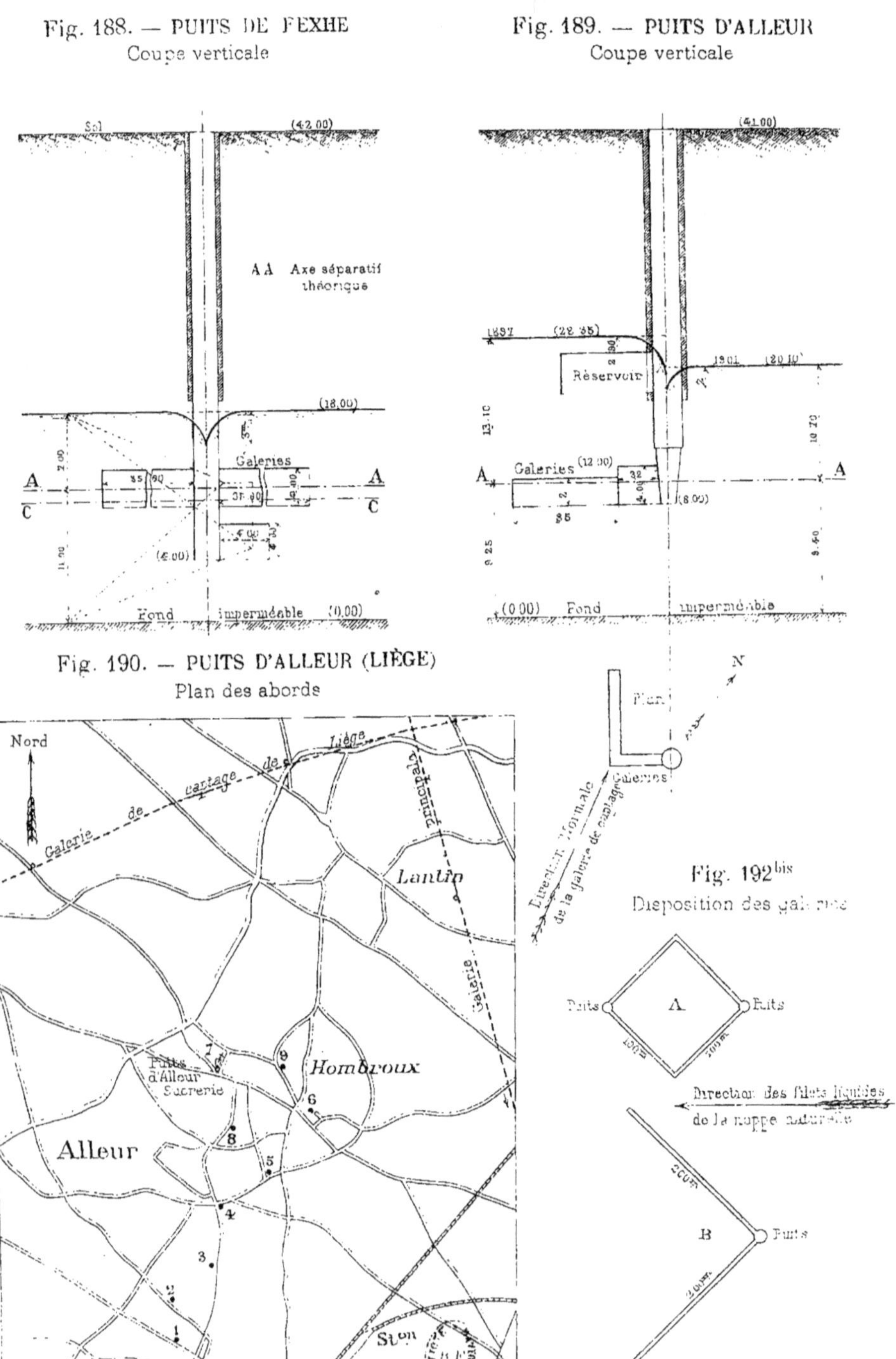

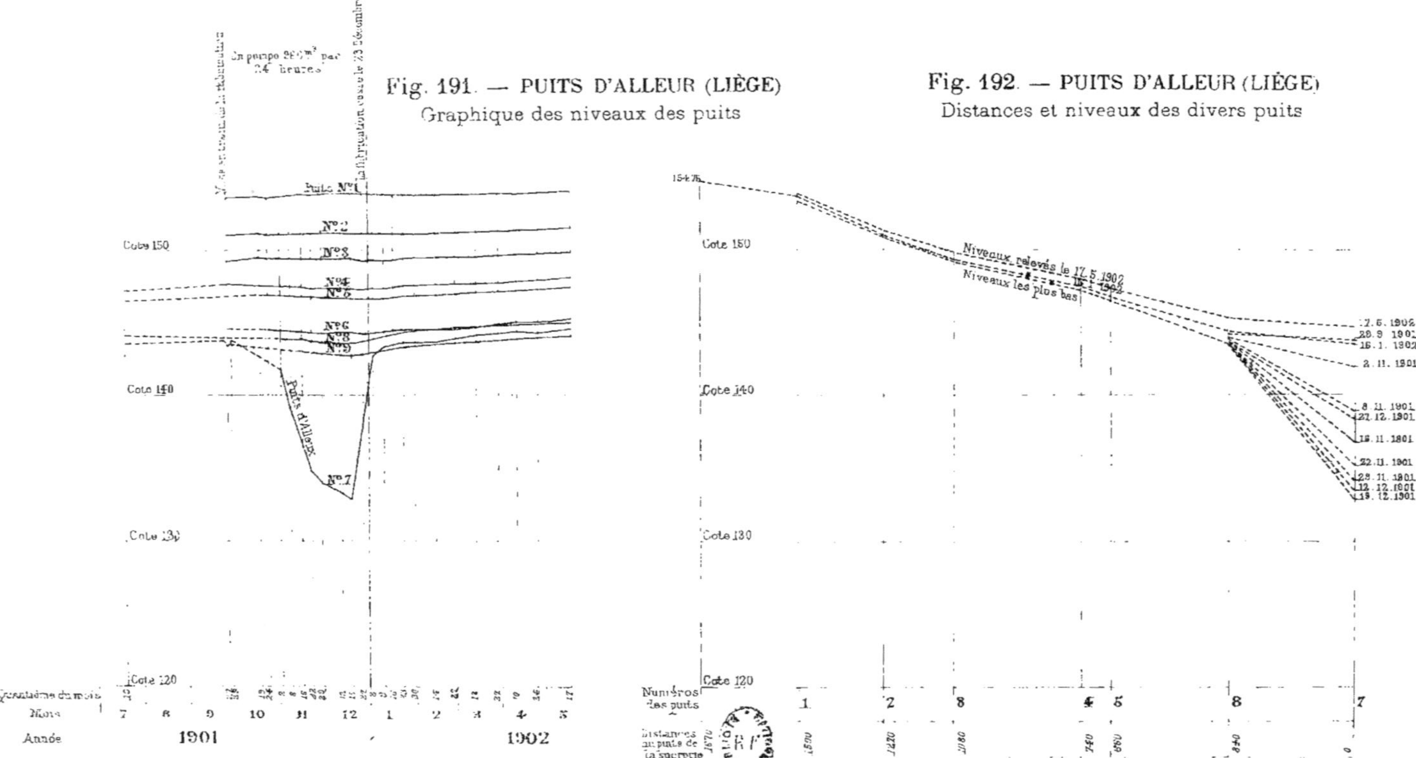

Fig. 191. — PUITS D'ALLEUR (LIÈGE)
Graphique des niveaux des puits

Fig. 192. — PUITS D'ALLEUR (LIÈGE)
Distances et niveaux des divers puits

Échelles { Abscisses : 0,00024 pour 1 jour
Ordonnées : 0,0024 pour 1 mètre

L. Courtier, *[illegible]*

Fig. 193
Théorie de la courbe F. (Note A)

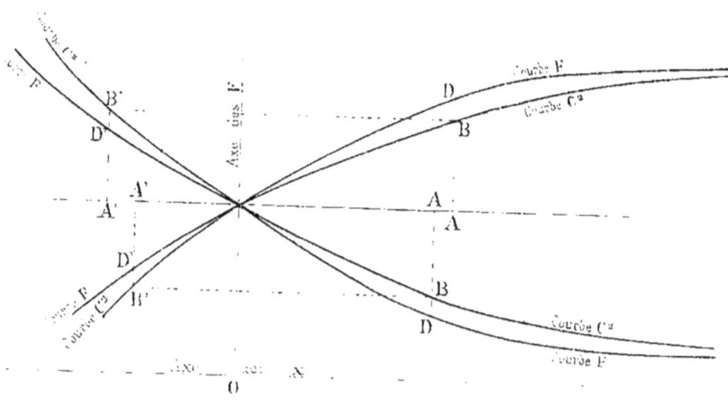

Fig. 194
Crues et décrues continues (Note A)
Raccordement avec le regime permanent

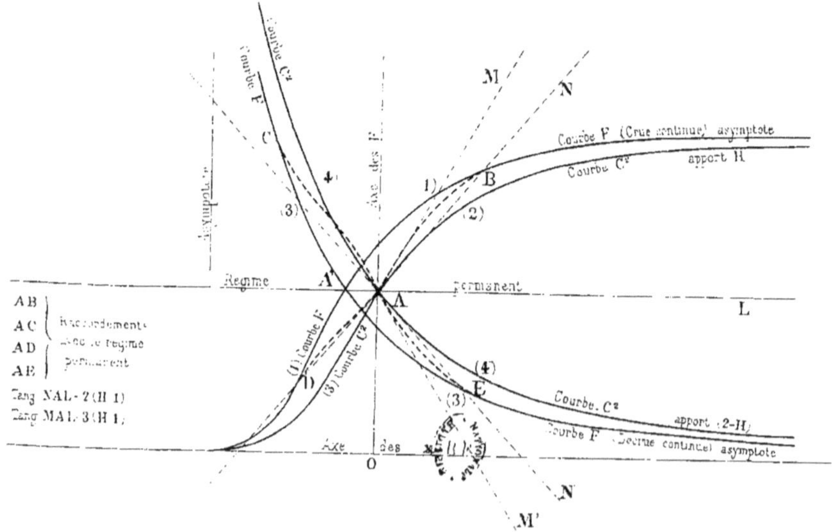

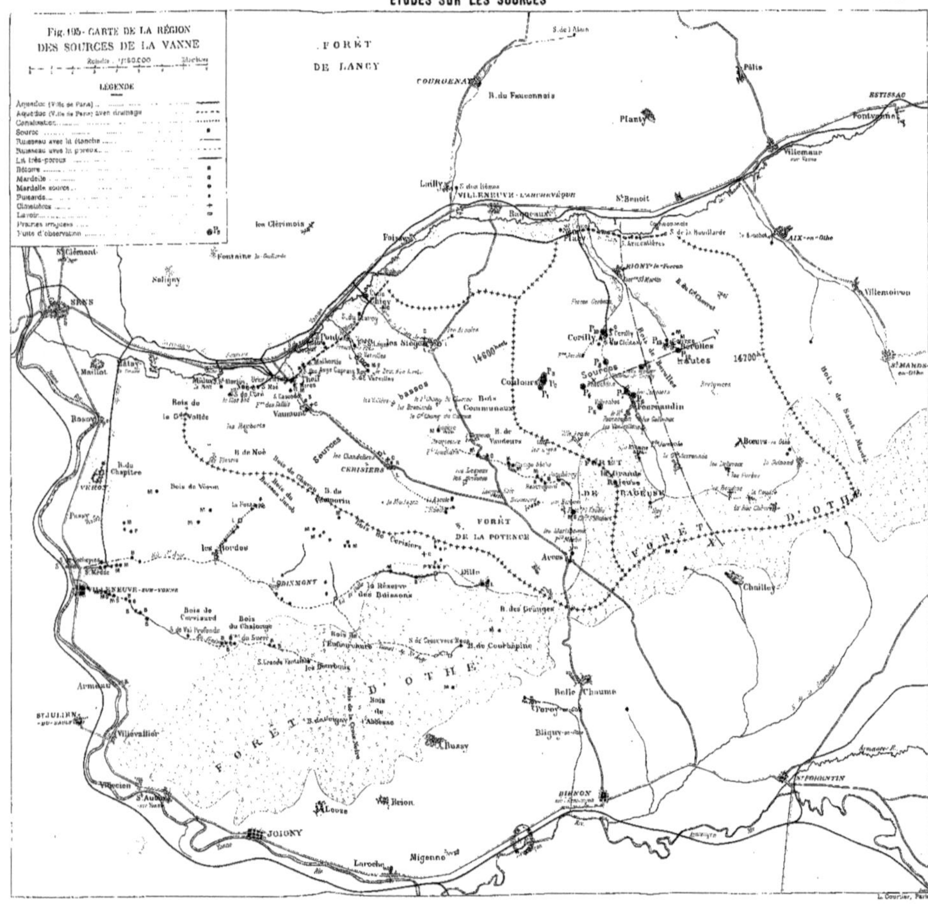
Fig. 195 - CARTE DE LA RÉGION
DES SOURCES DE LA VANNE
LÉGENDE
Aqueduc (Ville de Paris)
Canalisation
Source
Ruisseau avec lit étanche
Lit très-poreux
Mardelle
Mardelle source
Puisards
Cimetières
Lavoir
Puits d'observation
FORÊT
DE LANCY
COURGENAY
B. du Fauconnais
Planty
Pâlis
ESTISSAC
Fontvannes
Villemaur
Lailly
VILLENEUVE-L'ARCHEVÊQUE
St Benoit
les Clérimois
Flacy
AIX-en-Othe
Villemoiron
Fontaine
Soligny
St Clément
SENS
Maillot
Rosoy
Malay
Theil
Vaumort
Bois de la Gde Vallée
B. de Noë
B. du Chapitre
VÉRON
Bois de Voron
les Bordes
Les Sièges
Sources
basses
Bois Communaux
14600 hect.
14700 h.
Cerilly
Cerilly
Coulours
Sources
hautes
Fourmandin
Boeurs
Chailley
B. de Vauduex
CERISIERS
B. de Vaumorin
FORÊT
DE LA POTENCE
FORÊT
DE RACHES
FORÊT D'OTHE
la Grande Réserve
Arces
Dilo
la Réserve des Boissons
B. des Granges
B. de Courbépine
Bois de Corvisard
Bois du Chalange
VILLENEUVE-SUR-YONNE
Armeau
ST JULIEN-DU-SAULT
Villevallier
FORÊT D'OTHE
Bois de l'Abbesse
Bussy
Belle Chaume
Bligny-en-Othe
BRIENON
ST FLORENTIN
Villecien
St Aubin
JOIGNY
Looze
Brion
Laroche
Migennes
L. Courtier, Paris

Fig. 196.

PROFIL GÉOLOGIQUE DE VILLENEUVE-L'ARCHEVÊQUE A St-FLORENTIN (Yonne)

d'après la Carte géologique au 80.000e (Flles Sens, Troyes, Tonnerre)

Échelles { Longueurs : 1 à 80.000 / Hauteurs : 1 à 8,000

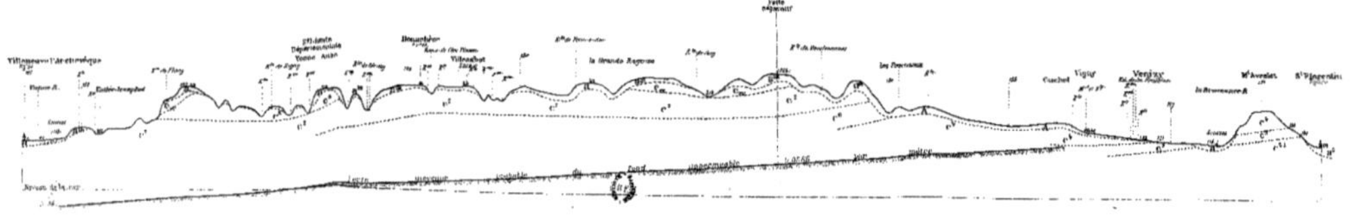

A Dépôts des pentes — a^2 Alluvions modernes — a^{1a} Argile à silex des plateaux — a^{1b} Cailloux et graviers des vallées (Alluvions anciennes) — e^{IIv} Argile plastique (Sparnacien) — C^8 Craie à Bélemnitelles (Campanien) — C^7 Craie à Micraster (Sénonien)

C^6 Craie de Joigny (Turonien) — C^5 Craie de Rouen (Cénomanien) — C^3 Marnes de Brienne — C^{3-4} Sables de la Puisaye et Argiles de St Florentin (Albien)

Fig. 197

ETUDE SUR LES HAUTES SOURCES DE LA VANNE

Observations du niveau des Puits

(1902-03)

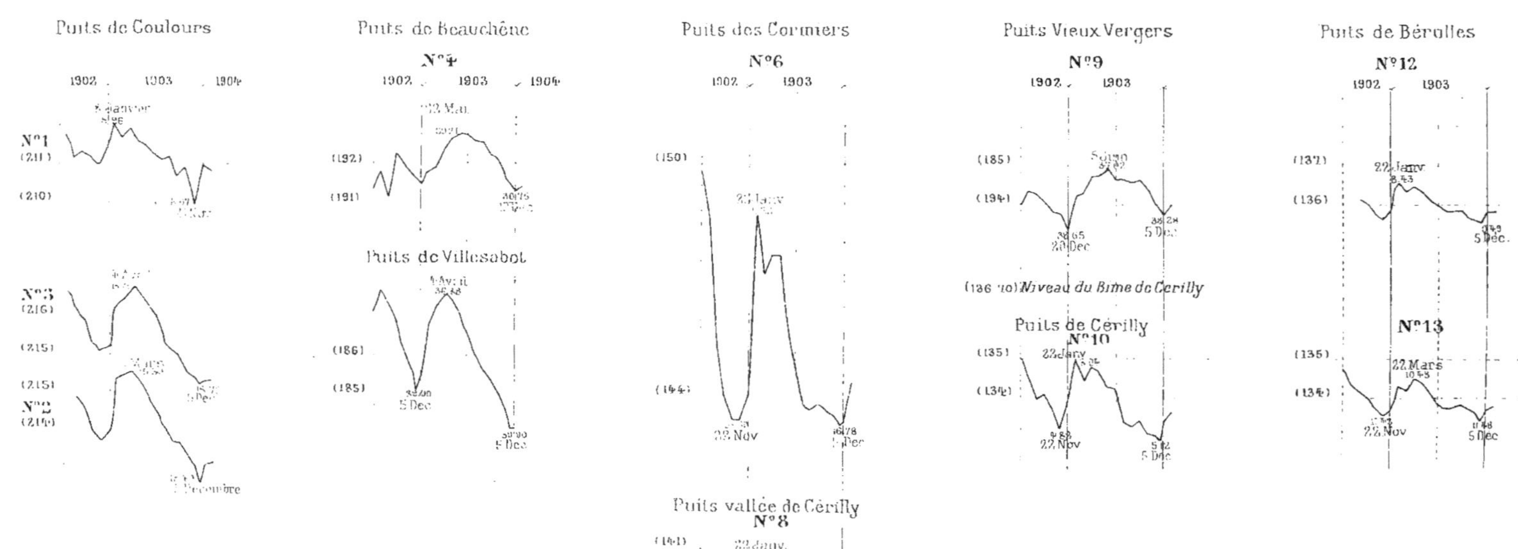

L. Courtier, Paris

Fig. 198

HAUTES SOURCES DE LA VANNE (Eaux de Paris)

Coupe XY du plan passant par Vieux Vergers et Rigny-le-Ferron

et coupe par le Rû de Cerilly

S. S. - Sources

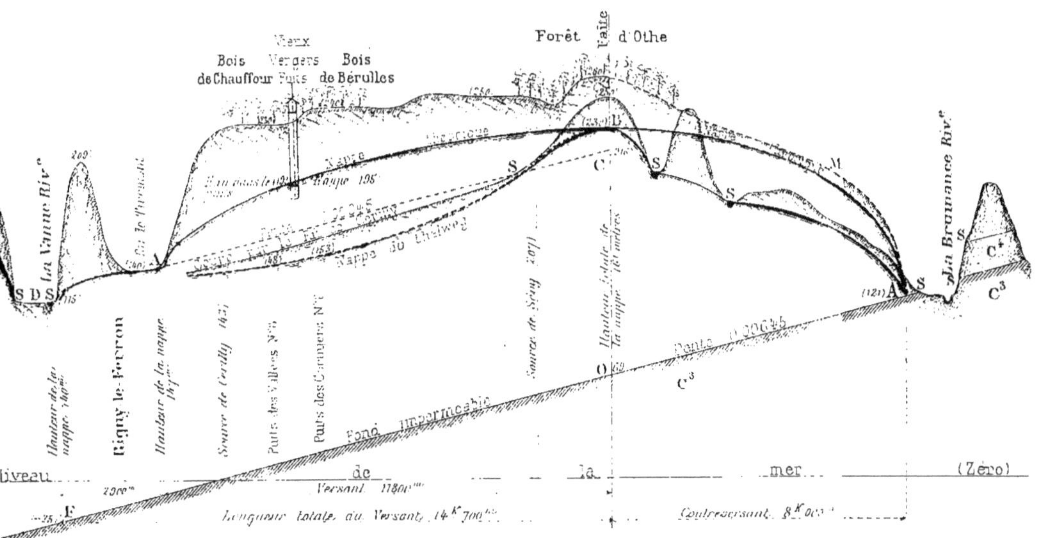

Fig. 199

Coupe en travers XY du plan

sur Vieux Vergers et Bérulles

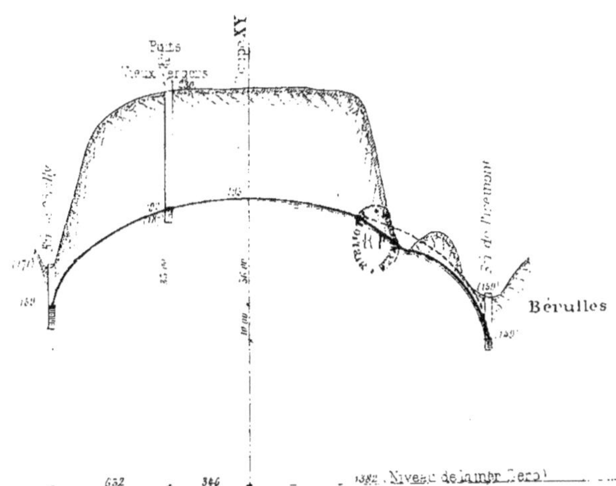

ÉTUDES SUR LES SOURCES

Fig. 200

SCHÉMA DU BASSIN FICTIF DE LA VANNE

++++++++ Contour du bassin orographique

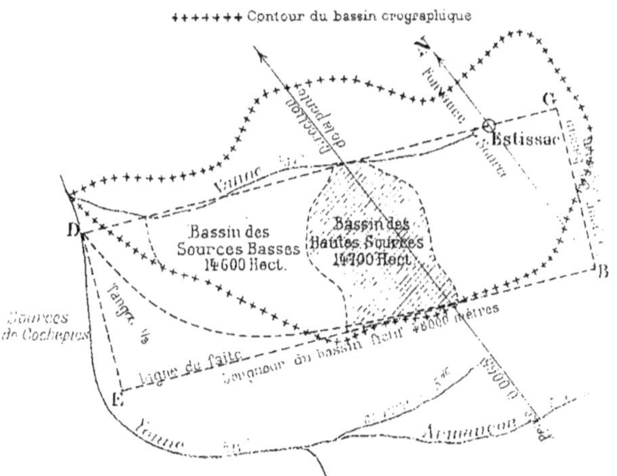

Fig. 201 - GRAPHIQUE D'UNE GALERIE DE CAPTAGE

APPLIQUÉ AU PROFIL DE NAPPE DE LA FIG. 198

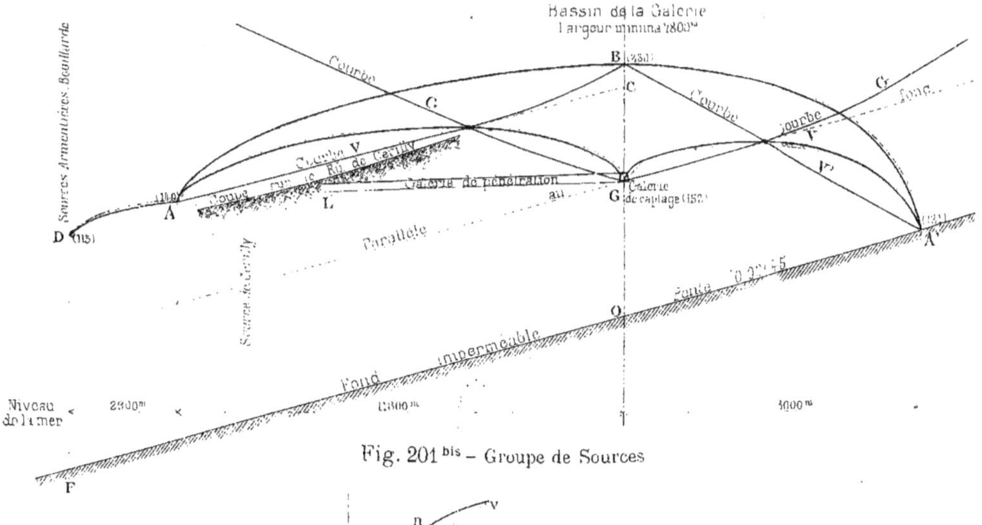

Fig. 201 bis – Groupe de Sources

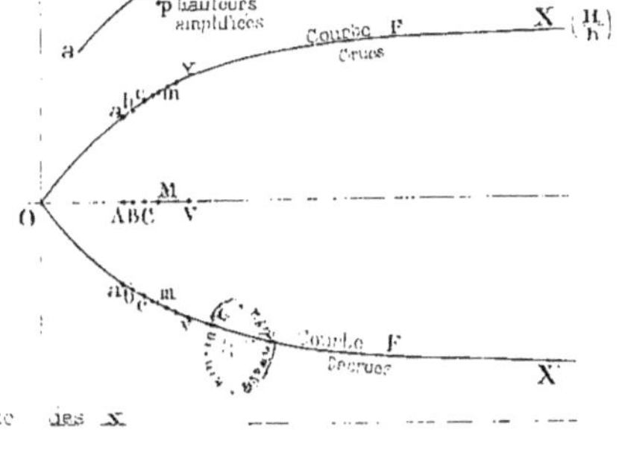

L. Courtier, Paris

ÉTUDES SUR LES SOURCES

Pl. LXIX

Fig. 202 - CAPTAGES DE RENNES (CARACTÉRISTIQUE = 5.56)

Courbe statistique des débits par jour (Moyennes mensuelles)

(12 années commençant du 1er Octobre)

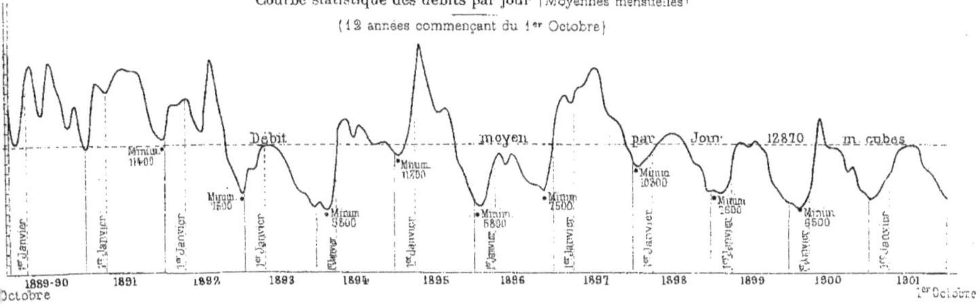

Fig. 203 - HAUTES SOURCES DE LA VANNE (BOUILLARDE, ARMENTIÈRES, CERILLY, GAUDIN)

Courbe statistique des débits par seconde (Moyennes mensuelles)

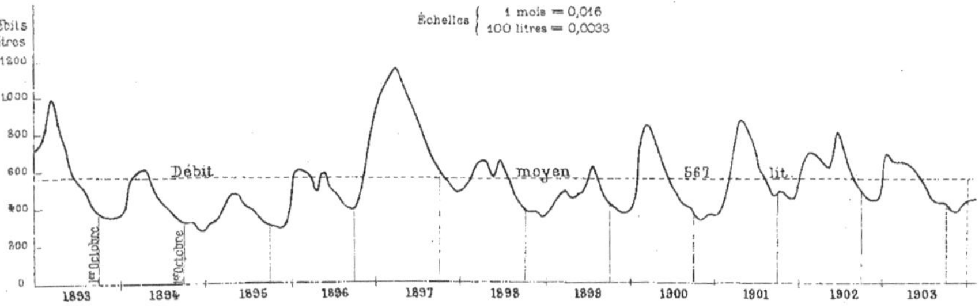

Fig. 204 - FONTAINE DE VAUCLUSE

Courbe statistique des débits moyens par seconde et par mois

Période du 1er Octobre 1893 au 1er Octobre 1903

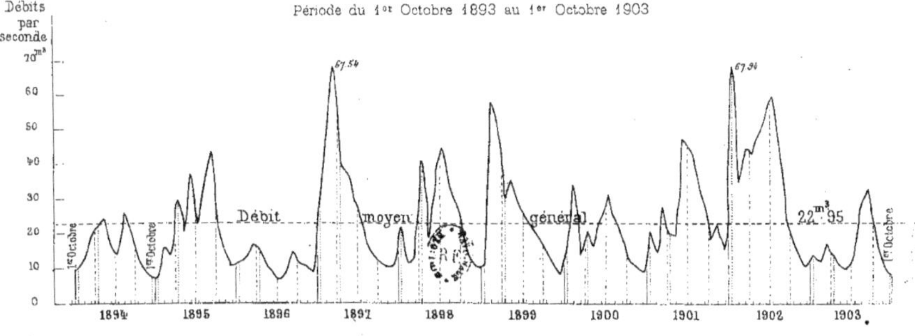

Fig. 205 – EAUX DE RENNES

Courbe des débits par jour (Moyennes mensuelles)

Calcul des apports pluviaux

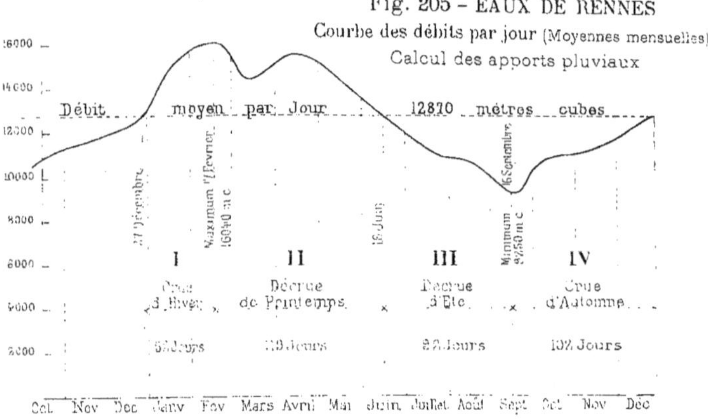

Fig. 206

Courbe des débits moyens par seconde des hautes sources de la Vanne

(Moyenne mensuelle de 10 années)

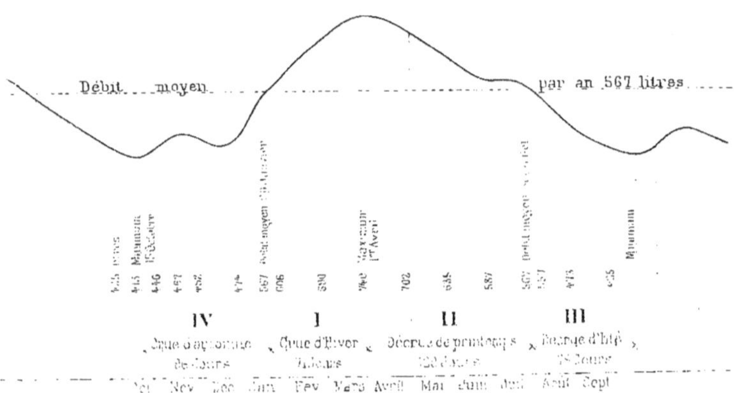

Fig. 207 – FONTAINE DE VAUCLUSE

Courbe des débits moyens par mois évalués en mètres cubes par seconde

(Moyenne de 10 années)

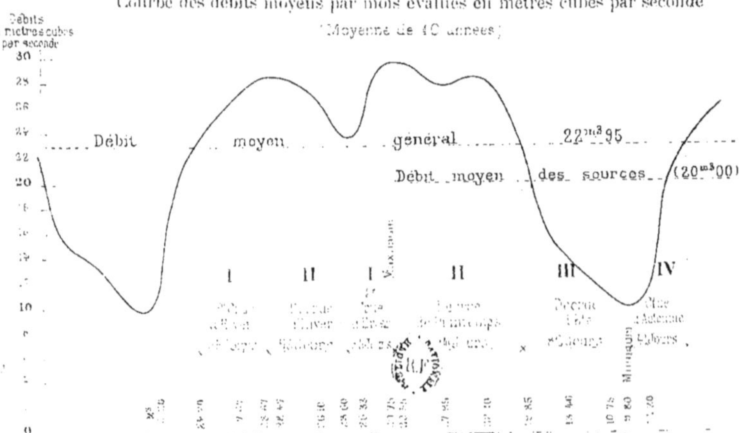

L. Courtier, Paris

Fig. 208

CAPTAGES DE RENNES

Recherche du Coefficient caractéristique

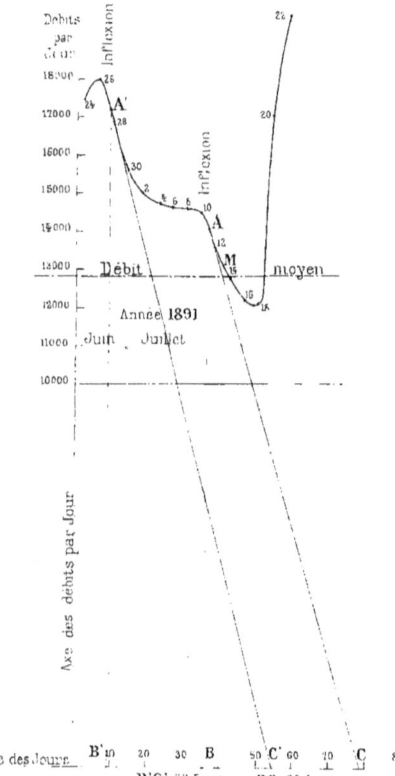

Fig. 209

HAUTES SOURCES DE LA VANNE

Détermination du coefficient caractéristique

(Année 1893)

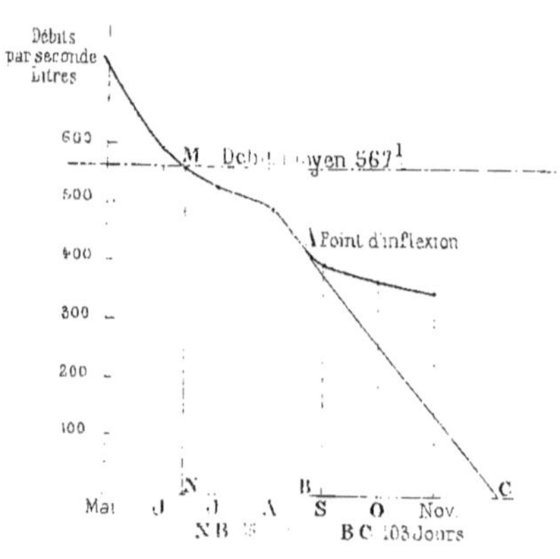

Fig. 210 - FONTAINE DE VAUCLUSE

Courbe enveloppe

pour calculer la surface du réservoir

aux diverses cotes

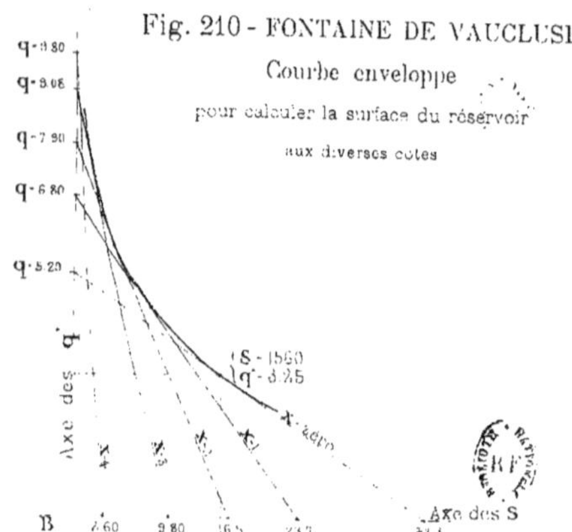

Fig. 210 bis

Nappe non regulière

Fig. 211

FONTAINE DE VAUCLUSE - DÉCRUE D'ÉTÉ DE 1898

Recherche de la Surface du Réservoir aux diverses hauteurs

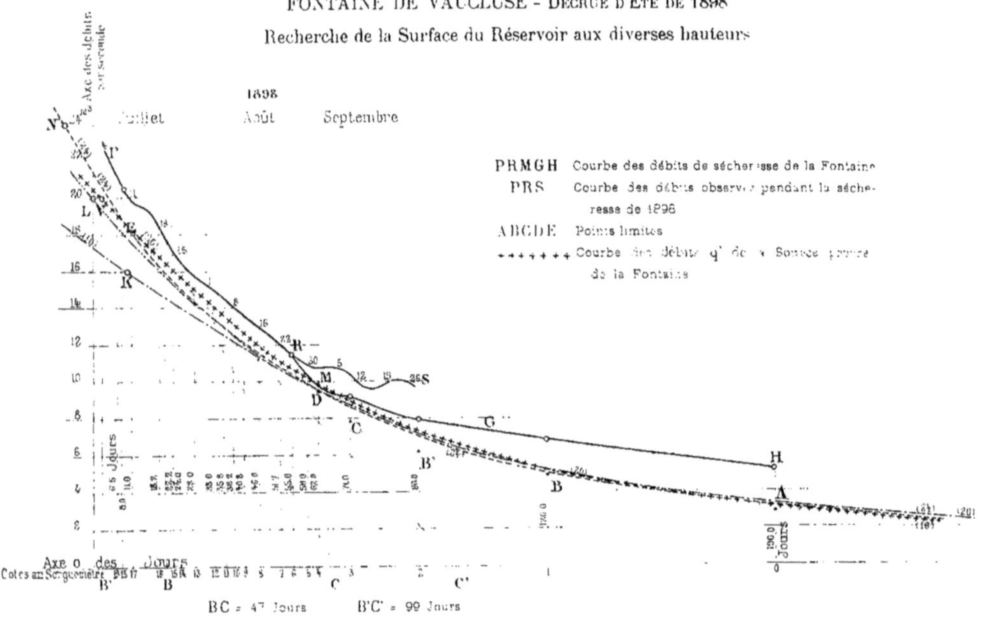

Fig. 212 - FONTAINE DE VAUCLUSE

Disposition probable du réservoir du fond de la cuvette

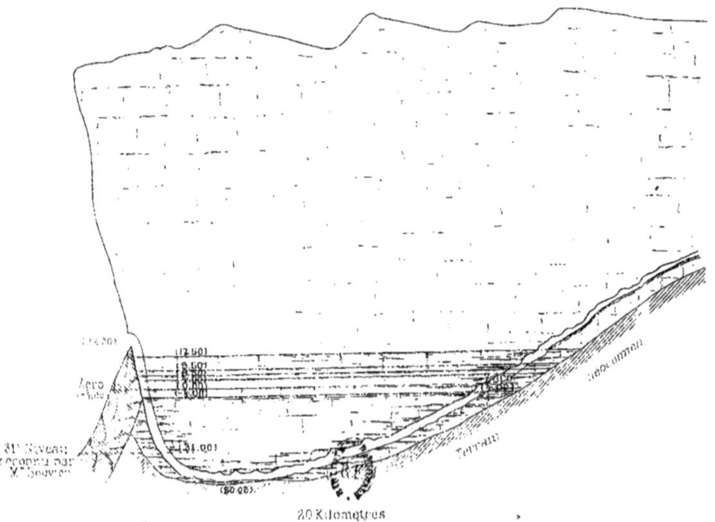

Fig. 213

CARTE DES SOURCES DU TAILLAN, DE CAP DE BOS – NAPPE DES LANDES

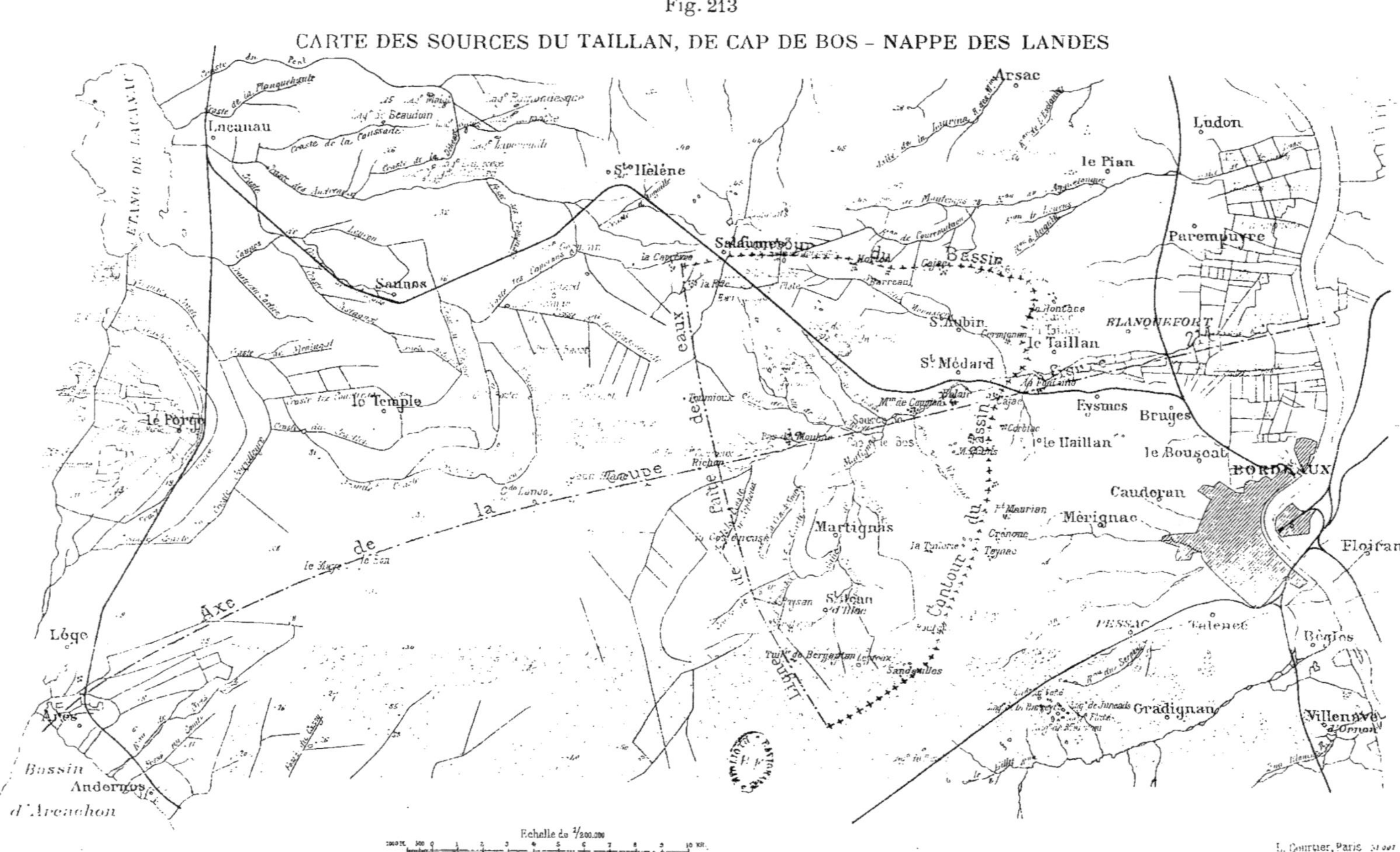

L. Courtier, Paris

Pl. LXXIV

Fig. 214

SOURCES DU TAILLAN ET DE CAP DE BOS, ET NAPPE DES LANDES

Coupe passant par Arès et par la Jalle de Blanquefort

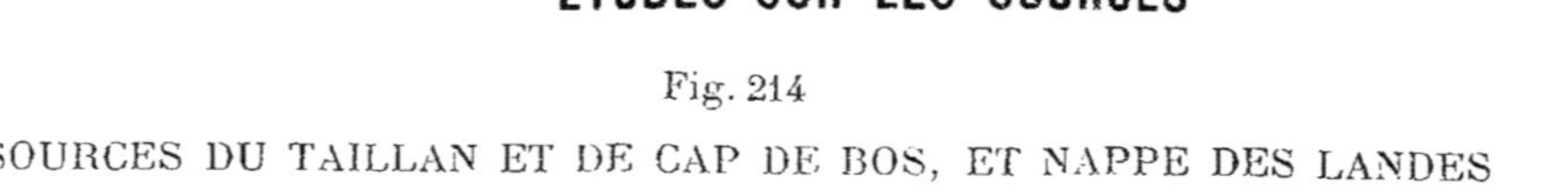

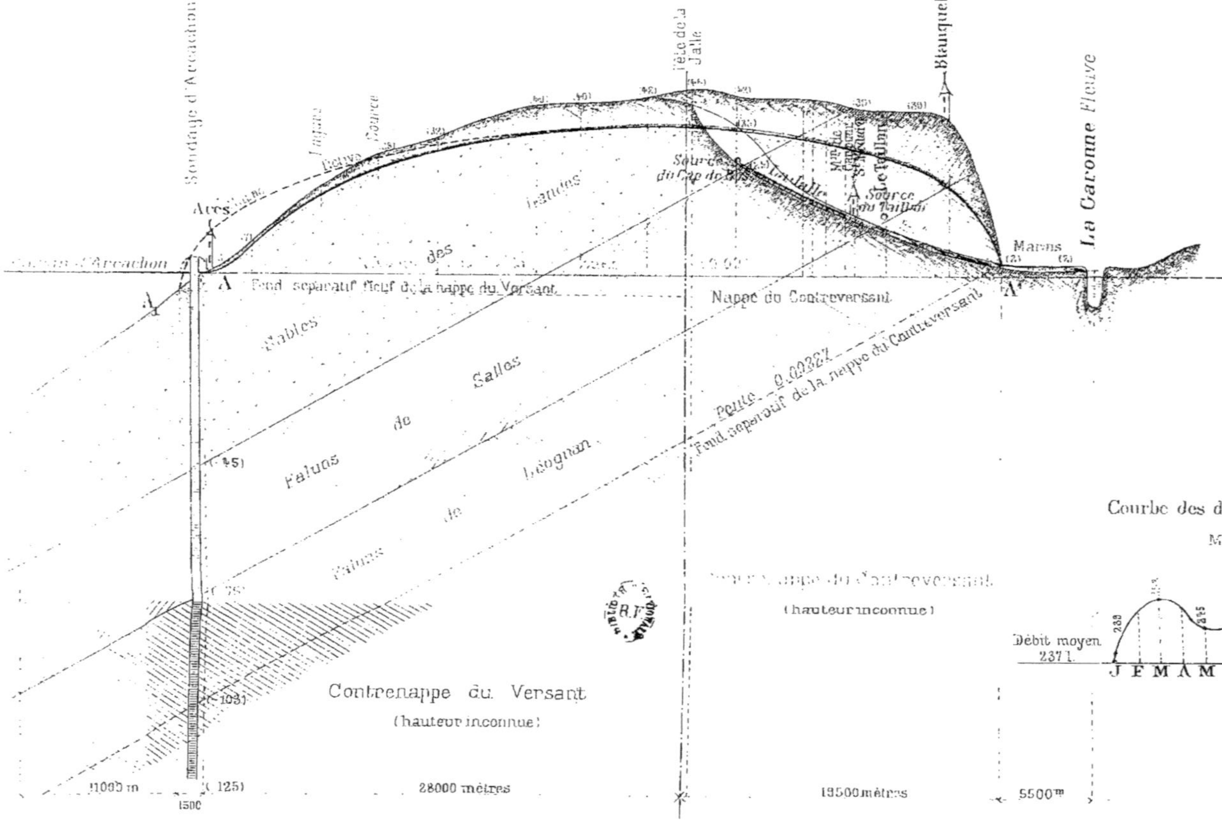

Fig. 214 bis

Courbe des débits des sources du Taillan

Moyenne de 7 années

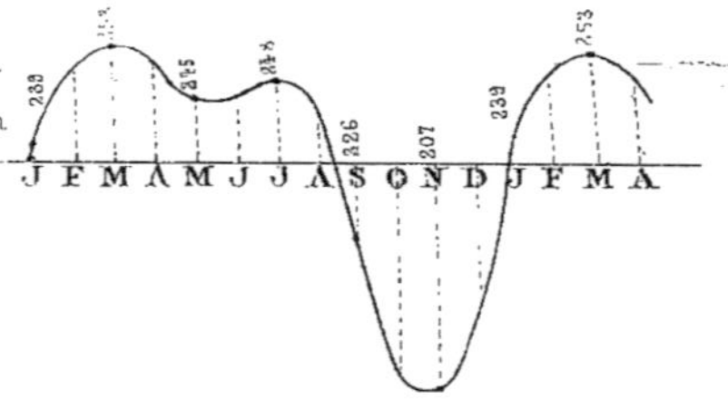

L. Courtier, Paris

ÉTUDES SUR LES SOURCES

Fig. 215

PLAN DU PLATEAU BAJOCIEN

ENTRE LES VALLÉES DE POINSON ET DE LA TRAIRE (Eaux de Montigny-le-Roi)

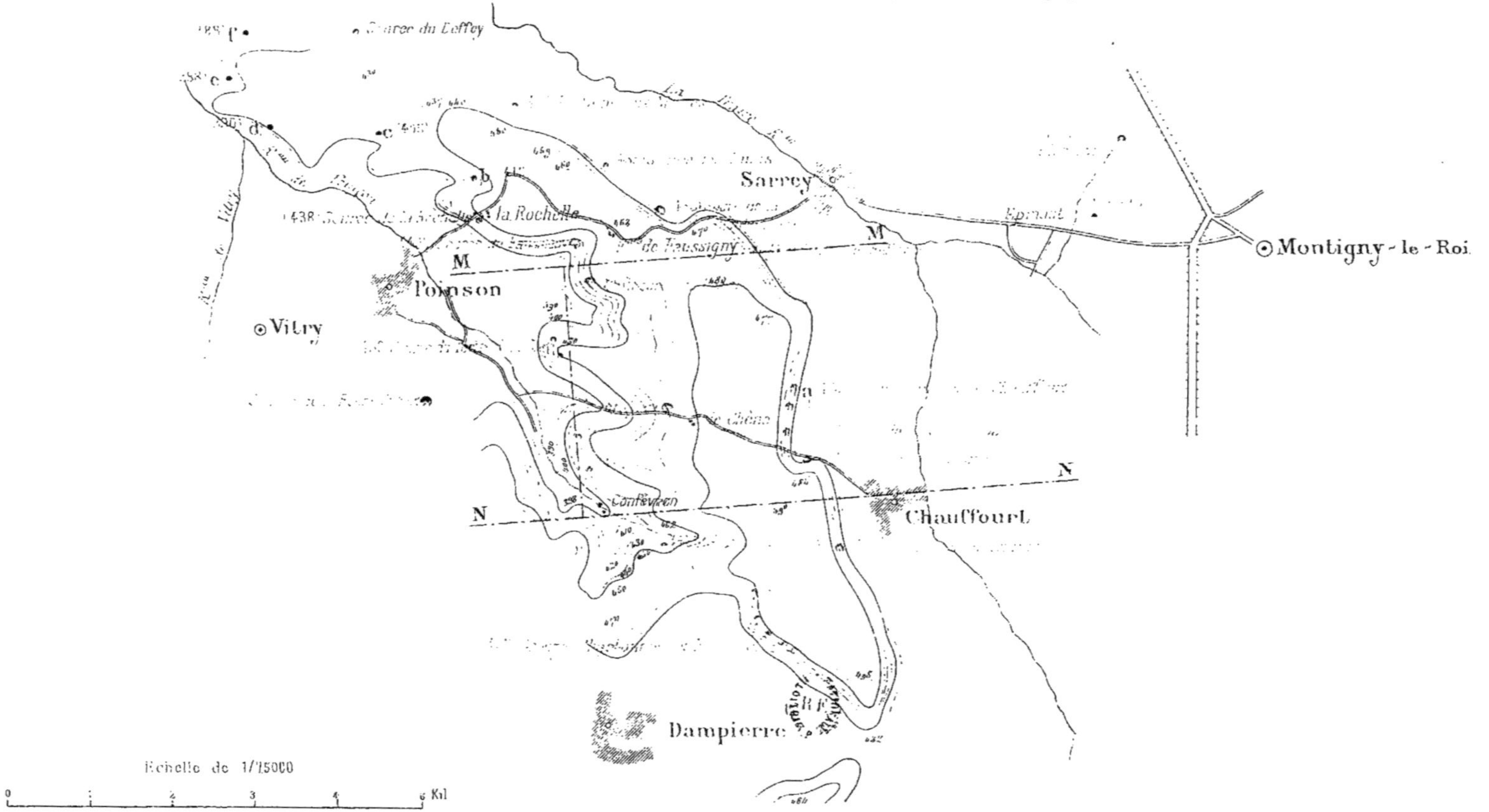

L. Courtier, Paris, sc.

ÉTUDES SUR LES SOURCES

Fig. 216

COUPE SUR LE PLATEAU BAJOCIEN

ENTRE LES VALLÉES DE POINSON ET DE LA TRAIRE

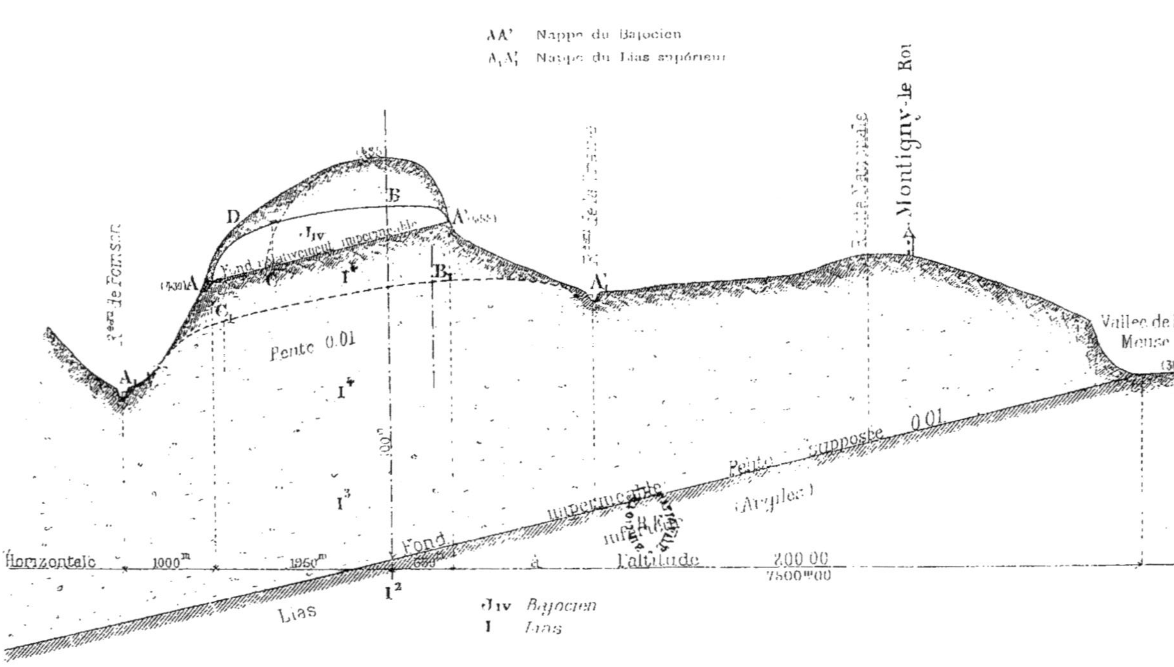

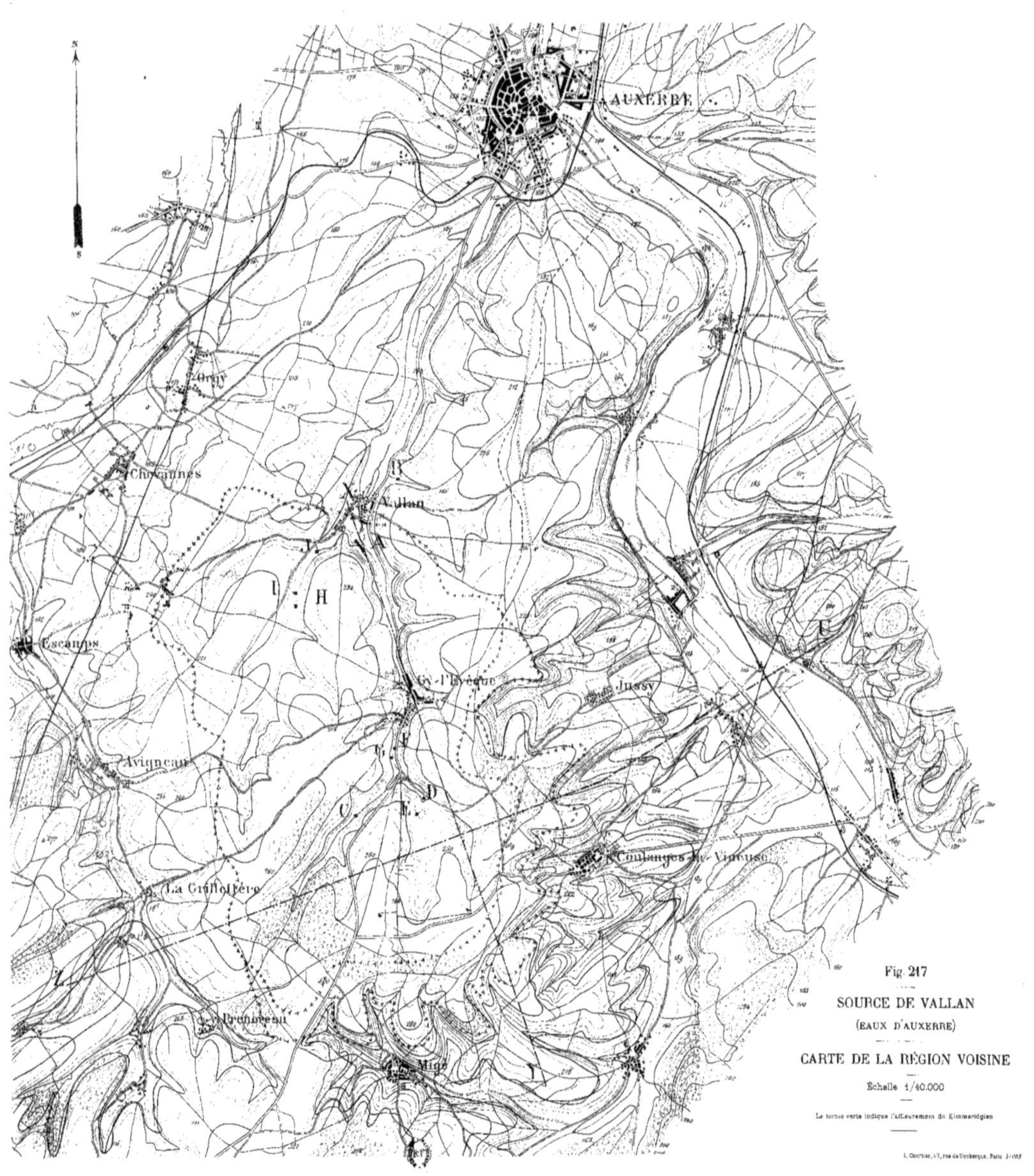

Fig. 217

SOURCE DE VALLAN

(EAUX D'AUXERRE)

CARTE DE LA RÉGION VOISINE

Échelle 1/40.000

La teinte verte indique l'affleurement du Kimmeridgien

ÉTUDES SUR LES SOURCES

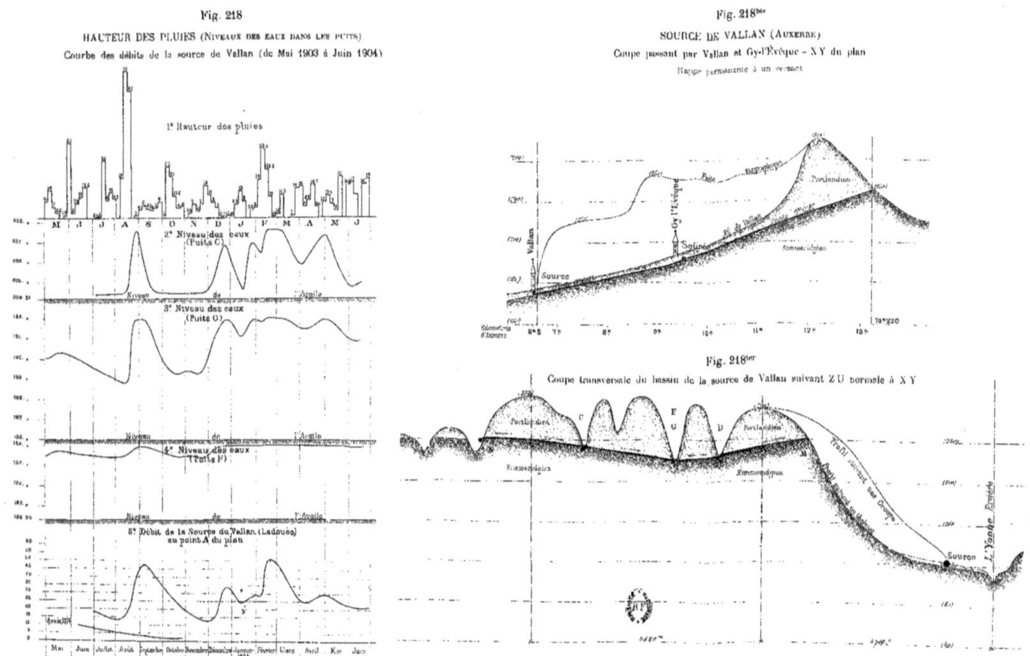

L. Courtier, Paris

ÉTUDES SUR LES SOURCES

Fig. 219

CRUES ET DECRUES DES SOURCES

Première Approximation

Graphique du Rapport des débits F (Equation 416)

$$F = \left(\frac{1+\frac{H}{h}x}{1+x}\right)^2 \left(1+\left(\frac{H}{h}-1\right)x\right)$$

$$x = (1+K)\,\alpha t$$

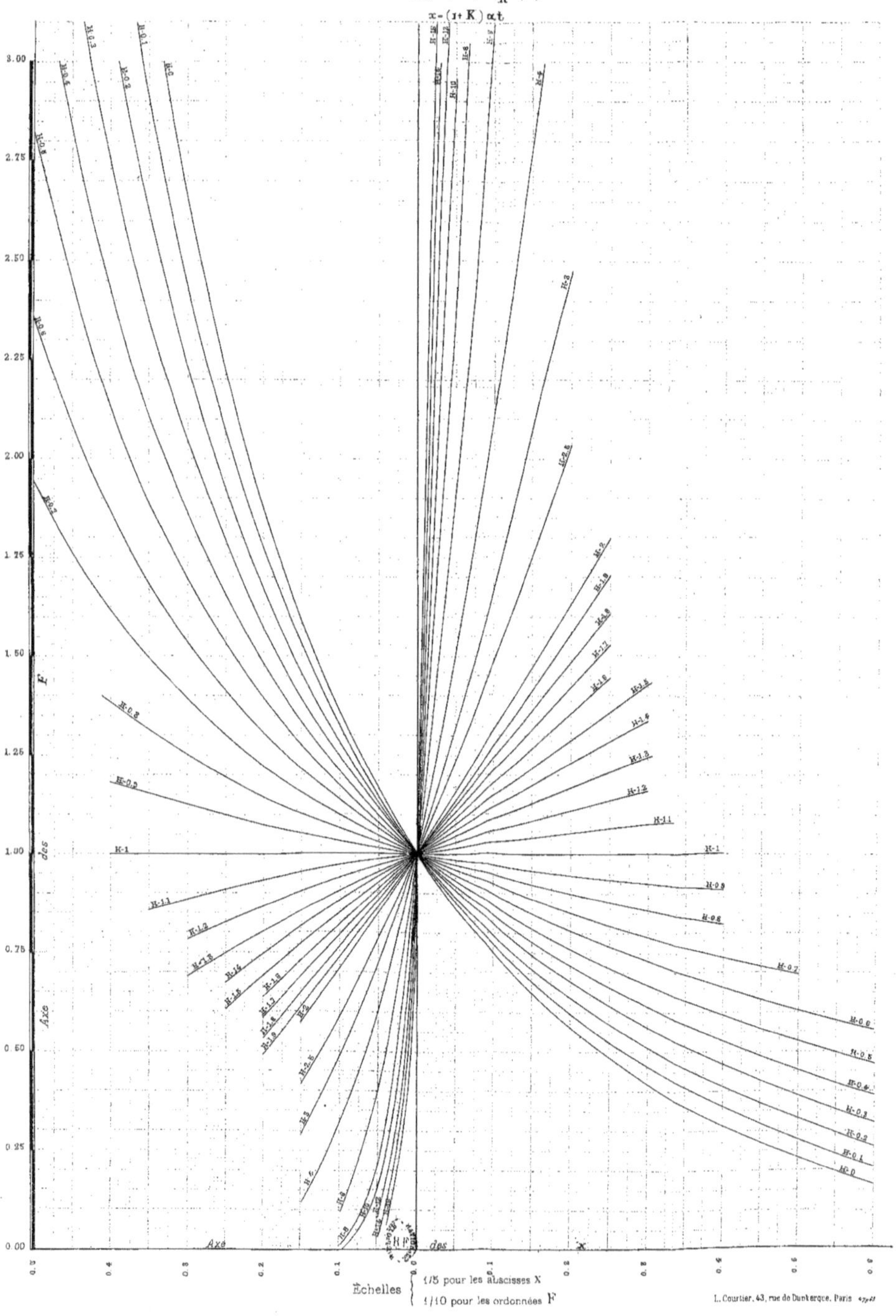

Échelles { 1/5 pour les abscisses X
1/10 pour les ordonnées F

L. Courtier, 43, rue de Dunkerque, Paris

ÉTUDES SUR LES SOURCES

Fig. 220

CRUES ET DÉCRUES DES SOURCES

Graphique du Rapport des ordonnées au faîte C. (Equation 168)

(Formule exacte : $C = \sqrt{H}\left(\dfrac{e^{2x\sqrt{H_\eta}}}{e^{2x\sqrt{H_\eta}}}\right)$; $x = (1+K)\,\alpha\, t$; H mis pour : $\frac{H}{h}$)

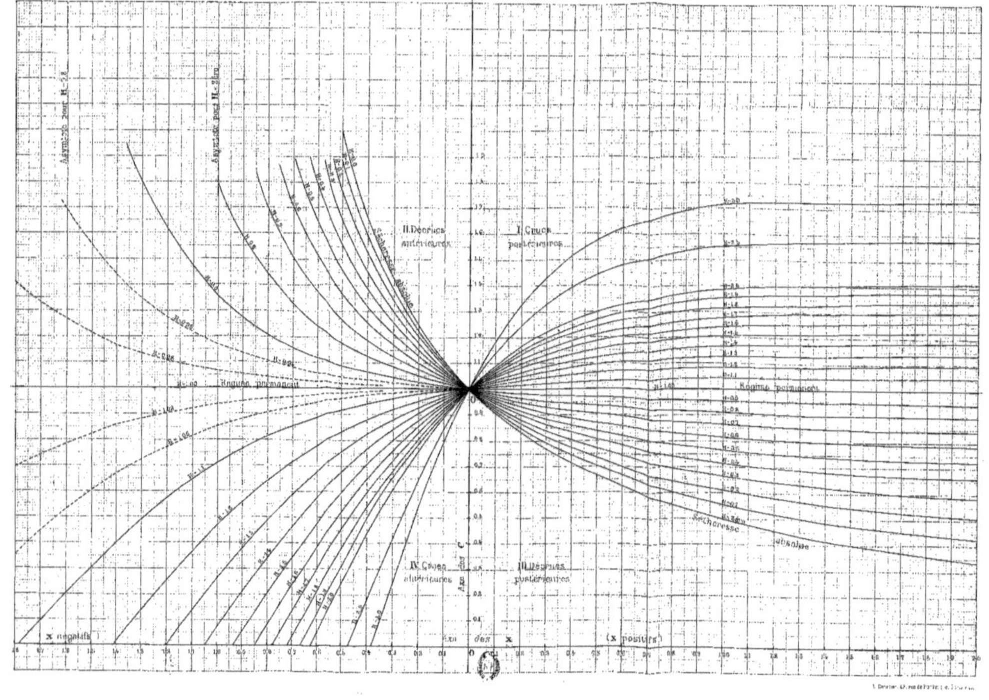

ÉTUDES SUR LES SOURCES

Fig. 221

CRUES ET DÉCRUES DES SOURCES

Graphique du Rapport des débits F. (Equation 169) (X positif)

Formule empirique $F = C^2\left(1 + \frac{(H-1)X}{e^{BX}}\right)$

x (1+k) a.t ; H mis pour $\left(\frac{H}{h}\right)$

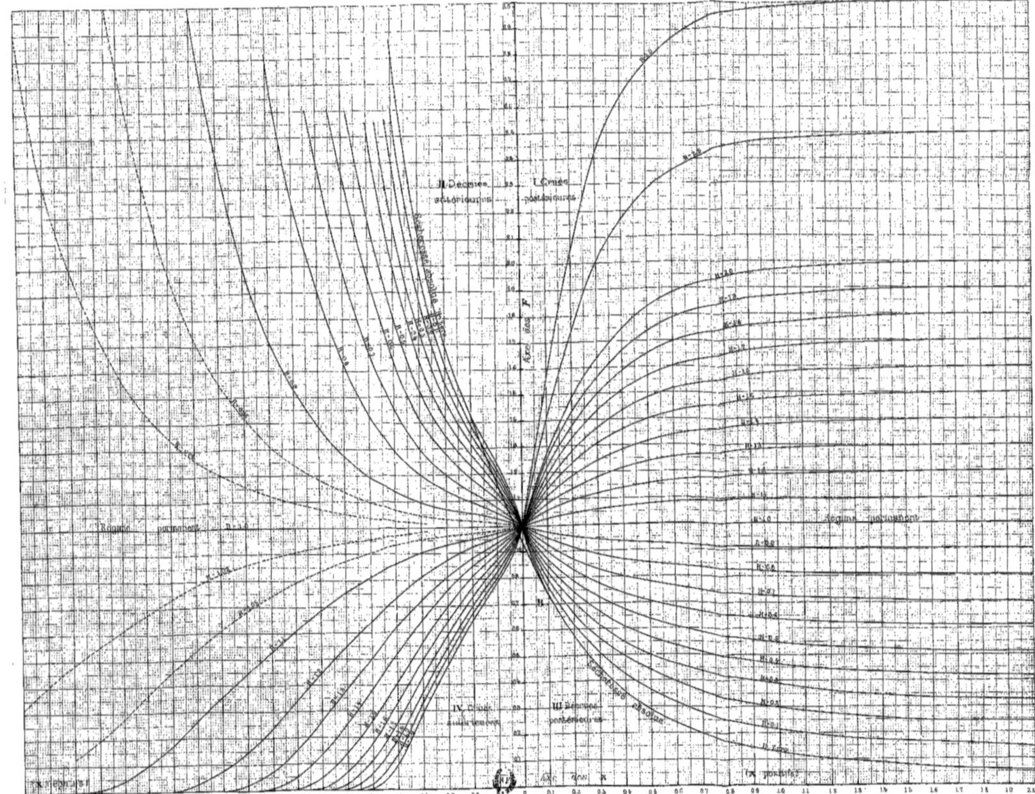

www.ingramcontent.com/pod-product-compliance
Lightning Source LLC
LaVergne TN
LVHW020314230826
846091LV00003B/665

* 9 7 8 2 0 1 4 0 9 4 6 6 4 *